# 犬人工授精技术

吴　衍
李川武
余　盼

主编

 化学工业出版社

·北京·

## 内 容 简 介

本书详细介绍了犬人工授精概述、犬的生殖生理、犬人工授精技术、犬人工授精实验室建设及犬的繁殖障碍等内容。书中把作者承担的国家"十三五"重点研发课题"犬猫生殖调控技术研究与产品研发"的部分研究成果进行了提炼、总结，介绍了具有国际先进水平的犬人工授精的新技术和新设备。全书图文并茂，文字简洁、通俗易懂，具有较强的实践指导作用，适合犬繁殖企业技术人员、生产管理人员、兽医技术人员，以及动物科学、动物医学及相关专业师生阅读参考。

**图书在版编目（CIP）数据**

犬人工授精技术/吴衍，李川武，余盼主编.—北京：
化学工业出版社，2022.1
ISBN 978-7-122-40233-2

Ⅰ.①犬… Ⅱ.①吴… ②李… ③余… Ⅲ.①犬-人
工授精-研究 Ⅳ.①S829.23

中国版本图书馆 CIP 数据核字（2021）第 231158 号

---

责任编辑：邵桂林　　　　　　　　　装帧设计：张　辉
责任校对：杜杏然

---

出版发行：化学工业出版社（北京市东城区青年湖南街 13 号　邮政编码 100011）
印　　刷：北京京华铭诚工贸有限公司
装　　订：三河市振勇印装有限公司
850mm×1168mm　1/32　印张 7¼　字数 131 千字
2022 年 2 月北京第 1 版第 1 次印刷

---

购书咨询：010-64518888　　　　　　售后服务：010-64518899
网　　址：http://www.cip.com.cn
凡购买本书，如有缺损质量问题，本社销售中心负责调换。

---

定　　价：45.00 元　　　　　　　　　版权所有　违者必究

# 编写人员名单

主　　编　　吴　衍　李川武　余　盼

副 主 编　　熊　前　王春亮　王立强

　　　　　　李　涛

编写人员（按姓氏笔画排序）

　　　　　　王立强　王春亮　付平峰

　　　　　　兰　康　刘少辉　刘占斌

　　　　　　许普之　李　红　李　涛

　　　　　　李川武　吴　衍　余　盼

　　　　　　陈慧平　熊　前　魏荣兴

# 前言

　　犬是人类最早驯化的家畜之一。自古以来，犬就与人类生活在一起并为人类服务，由于犬具有高度发达的神经系统、灵敏的嗅觉性能、对主人高度的服从性和依恋性、很强的领地感和威慑力，并且行动敏捷、善于奔跑，因而很早就被广泛用于牧畜和狩猎等。近一个多世纪以来，犬被各国军队用于边防巡逻、重要军事目标的守卫，警察机构用于侦破各种刑事案件、搜毒搜爆、反恐制暴等，海关部门用于查缉走私，发挥了其他手段不可替代的特殊作用。随着国民生活水平的提高，民间养犬风气日盛，我国宠物犬数量急剧增加，目前拥有量约 1 亿头。我国犬的饲养也由原来散户繁殖向着规模化、集约化的方向前进，并且呈现出快速发展的趋势，与犬相关的辅助生殖技术和相关产品的需求也越来越大。

　　犬人工授精技术相较于自然交配具有诸多优越性。首先，它可以大大降低部分疾病的发病率，尤其是生殖系统疾病的传染；其次，它可以提高种公犬的利用效率，使优良种公犬得到充分利用，既有利于品种改良，又可节约公犬的饲养管理费用；再者，由于冷冻精液可以长期保存、远距离运输，因而，人工授精可以克服由于时代、地理间隔及公母犬体格差异造成的配种困难。同时，精液冷冻也是保存犬品种资源的一种安全、经济的途径，对遗传物质的长期储存、濒危资源的育种都具有重要意义。

我国的犬人工授精技术起步较晚，与其他家畜人工授精技术相比仍存在较大的差距。近年来，虽然取得了一定的研究成果，但仍未得到大规模的推广应用。主要原因就是相关科研成果没有得到有效的转化，很多有需求的养犬者没有系统学习的渠道，为了给广大养犬者提供全面、科学、实用的犬人工授精技术知识，我们在总结多年人工授精技术研究和推广工作的基础上，吸取国内外先进的技术和经验，组织有关专业技术人员编写了本书。本书反映了近年来犬人工授精技术的新方法、新进展和新成绩，重点介绍了犬的发情鉴定、采精、精液品质检查、精液保存及输精等技术，具有较强的实用性和可操作性。

本书编写过程中，参考了相关文献资料，在此向有关专家学者表示衷心的感谢！

由于时间比较仓促，加之水平有限，书中难免有疏漏和不妥之处，恳请广大读者予以指正。

编者

2021 年 11 月

# 目录

## ● 第一章 动物人工繁殖概述 ●

## ● 第二章 犬的生殖激素 ●

## ● 第三章　犬的生殖器官 ●

## ● 第六章　犬的受精、妊娠及分娩 ●

## 第七章　犬人工授精技术

## ● 第八章 犬人工授精实验室建设 ●

## ● 第九章　犬的繁殖障碍 ●

## ● 主要参考文献 ●

# 第一章

## 动物人工繁殖概述

## 第一节

## 常见动物人工授精技术

L. Spallanzani 在动物繁殖方面做了深入的研究，他在 1779 年发现了动物繁殖的原理，即需要精液和卵子，精液的固体部分蛋白质和脂肪物质构成了精液的主体，但其认为精子是无关紧要的寄生物。虽然这个认识是错误的，但在 1780 年，他应用此发现，第一次用犬的鲜精成功进行了人工授精。如今，人工授精已成为家畜遗传改良应用最为广泛的一项实用型技术，在畜牧生产中发挥了重要作用，但在相当长的一段时间内该项技术并未引起人们的高度关注。直到马、牛、羊、驴、猫等的人工授精陆续取得成功后，人们才开始注意到这种新的辅助繁殖技术的重要价值，在 20 世纪 30 年代的苏联得到了改进，精液也从短期保存的鲜精发展到可长期保存的冷冻精液形式。家畜人工授精技术逐渐发展成熟为完整的操作体系，并从试验阶段走入生产实践。自 1940 年开始发达国家人工授精技术发展很快，牛、绵羊、猪、马等家畜的人工授精规模陆续扩大并呈加速发展之势。

精液冷冻保存技术是人工授精技术的关键环节，有效解决了精液长期保存的问题，使优质精液可以长期保存，已广泛应用于辅助生殖技术中。近年来，冷冻精液相关研究主要集中在稀释液配方、冷冻程序和解冻液筛选等环节。随着冷冻方法和冷冻保护剂的不断改良，精子复苏率有了较大的提高。

目前，人工授精技术日趋成熟和完善，使得公畜利用率和母畜繁殖效率得到了很大提高，但在实际生产中仍然存在配种受胎率低、产仔数差异大等问题。研究发现，不同品种、不同输精方式及不同精液类型对人工授精的成功有很大影响，除此之外，发情鉴定和输精技术是造成人工授精受胎率低的另一个重要因素。对子宫内输精和子宫角深部输精技术结合精液冷冻保存技术的深入研究，将会推动人工授精技术在育种、畜群管理等家畜生产领域的应用。

## 一、牛的人工授精

1930 年国际上开始使用牛的鲜精进行人工授精。1950 年初，Smith 等人成功研制出牛冷冻精液，1960 年后被广泛采用。在我国，1952 年奶牛采用鲜精人工授精，1966 年利用液氮（$-196℃$）作为冷源制作冷冻精液取得成功，1981 年北京引进国外细管冻精系统，批量生产细管冻精。2000 年 Cogent 公司和 XY 公司进行性控冻精的商业生产。次年，大庆田丰公司在国内率先进行性控精液分离。输精部位经历了阴道输精、子宫颈口输精和深部输精 3 个阶段。

## 二、猪的人工授精

猪的人工授精研究始于 20 世纪 30 年代。1948 年日本利用鲜精进行输精并产仔，1950 年广泛应用于生产，1980 年后该技术迅速普及。目前，欧美人工授精应用率在 80% 以上。我国猪的人工授精始于 20 世纪 50 年代。随着人工授精体系的发展，目前该技术已成为母猪的常规繁殖手段。1957 年，Hess 等首次获得冷冻精液人工授精的仔猪，1975 年建立了颗粒和细管冷冻猪精液的方法。国内猪精液冷冻技术研究始于 20 世纪 50 年代，1977 年成立了全国猪冻精协作组，国内已有公司商品化生产冷冻精液。猪冷冻精液的剂型有颗粒、细管及扁平袋，目前多为细管。冷冻精液采用深部输精，目前受输精方法、受胎率和产仔数的限制，在生产中应用范围较小。在西班牙和美国用于性控及冷冻精液的输精，目前常用的还是子宫颈输精。

## 三、羊的人工授精

羊的人工授精研究始于 20 世纪 20 年代，1928 年苏联绵羊人工授精试验成功。我国在新中国成立前即引进苏联绵羊人工授精技术，在西北地区进行绵羊改良。1950 年，Smith 等人开始研究绵羊冷冻精液，初始时受胎率低。我国山羊冻精研究开始于 1980 年，并在生产中推广应用，2000 年受胎率达 76%，达到世界先进水平。羊输精部位经历了开膛器阴道输精、开膛器子宫颈输精、腹腔镜子宫输精 3 个阶段。

## 四、马的人工授精

我国 1918 年引入马人工授精技术，1936 年马人工授精成功。1980 年苏联报道用含甘油的稀释液冷冻保存马精，受胎率提高至鲜精水平。国内马冻精研究始于 20 世纪 50 年代。目前，马人工授精主要还是采取冻精进行输精，应用范围较小。

## 五、驴的人工授精

由于牛和猪等动物人工授精技术的发展和广泛应用，使得人们认为驴的人工授精技术也很成熟，但事实上驴的人工授精受胎率并不高，鲜精的情期受胎率多在 30%～50% 之间，冻精的受胎率则更低（0～36%）。在理论上，卵子维持受精能力的时间也不确定，有关驴人工授精技术还有很多方面需要深入研究解决。

## 六、猫的人工授精

世界上首例猫人工授精报道于 1970 年，但由于猫较独特的生殖特点，如公猫精液量少及母猫需在刺激后排卵等，导致猫人工授精难度较大，目前该技术应用并不广泛。未来还应继续探寻更实用的采精、冻精及输精技术，不断提高人工授精后母猫妊娠率和产仔数，使猫人工授精技术应用更广泛。

## 七、犬的人工授精

犬的人工授精是用人工方法采集公犬精液，然后把精液输入到发情母犬的生殖道内使其受孕的过程。自1780年意大利 L. Spallanzani 首次成功用新鲜精液进行阴道输精、3头仔犬出生以来，犬的人工授精已经取得了长足的进展。从新鲜精液输精，到低温保存的精液跨地区运输和输精，以及输精时间的确定和输精方法都发生了巨大的变化。

近年来，科研人员在犬的精液品质检查、稀释液筛选、精液保存、冷冻、解冻及输精等方面做了大量研究，人工授精已在犬繁殖中变得越来越流行。精液的稀释保存是人工授精的关键技术之一，犬鲜精在常温下只能保存数小时，无法满足犬人工授精的需要。目前主要是采用精液稀释后冷冻（−196℃）或冷藏（0～5℃）保存的方法。冷冻保存是使精子进入休眠状态，能够长期保存。冷藏保存的精子能存活数日，虽无法和冷冻保存的时间相比，但冷藏精液便于运输、保存程序简单和输精操作简单，因此成本也相对更低，在生产中更易于推广，因此研究犬精液冷藏保存具有重要的推广价值。影响犬冻精人工授精成败的因素众多，主要有采精的方法、原精品质、稀释液配方、稀释方法、冷冻方法、解冻方法及输精的时间、部位、器械及方法等因素。

## 第二节

# 人工授精在养犬业的意义

长期以来，犬在人类的生产生活中发挥了巨大的作用，在古代时犬可作为警卫犬、牧羊犬，狩猎犬等，而当今，工作犬的用途范围更广，还可以作为军警、导盲、搜毒、搜爆、火灾搜救等用途。伴随着我国国民经济的迅猛发展、人口老龄化的加快、工作压力等因素的影响，犬逐渐成为人们休闲娱乐、寄托情感的很好选择，饲养宠物成为众多家庭的消遣方式。近年来，宠物产业逐渐发展起来，尤其是宠物犬的数量明显多于其他宠物。据统计，截至 2018 年中国宠物行业市场规模达到 1708 亿元，其中宠物犬市场规模达 1056 亿元（陈伟才，2019）。

犬人工授精技术相较于自然交配具有诸多优越性。首先，它可以大大降低部分疾病的发病率，尤其是防止生殖系统疾病的传染；其次，它可以提高种公犬的利用效率，使优良种公犬得到充分利用，既有利于品种改良，又可节约公犬的饲养费用；再者，由于冷冻精液可以长期保存和远距离运输，因而，人工授精可以克服由于时代、地理间隔及公母犬体格差异造成的配种困难。同时，精液冷冻也是保存犬品种资源的一种安全、经济的途径，对遗传物质的长期储存，濒危资源的育种都具有重要意义。

世界上养犬业发达的国家，如美国、韩国等采用冷冻精液进行人工授精，已成为一个完整的服务体系，并且这种体系已被应用到生产实践中，其价值和效益已充分被认识和利用。在我国养犬业中，犬的人工授精技术应用还不广泛，特别是冷冻精液的应用研究，在我国养犬业中更是微乎其微。这不仅制约了我国犬良种化的进程，同时也加大了养殖成本。目前，随着人工授精对犬业发展重要性的不断提高，养犬业对人工授精技术的需求越来越强，将人工授精技术与其他辅助繁殖技术有机结合，如胚胎移植、定时输精技术等，将提高养犬科技含量，并可完善当前犬的良种繁育体系，使犬的遗传育种技术上一个新的台阶，从而推动我国现代化养犬体系的建立，加速养犬产业化的进程。

## 第三节

# 犬人工授精现状及发展趋势

1780年意大利人L. Spallanzani首次用犬进行鲜精的人工授精试验取得了成功。由于商业用途等多方面原因，犬的人工授精技术一直进展不大。直到20世纪60年代，随着精液冷藏、冷冻技术的逐渐成熟，发达国家的犬人工授精技术得到了长足的进步和广泛的使用。在20世纪60年代低温储藏精液和冷冻精液等技术在欧美发达国家逐渐趋于成熟。1969年，Seager首次报道了犬的冻精人工授精试验成功，而后又相继建立了有关精液品质、冷冻等一系列参数。1976年，武石昌敬等也报道了犬冻精人工授精的成功。20世纪70年代，国外一些大学和养犬俱乐部对人工授精进行了广泛的研究，建立了犬精子库，并详细制定了人工授精各主要环节的操作规程。

我国在该方面的研究起步较晚，据报道，1985年潘寿文等人开始对犬的冻精及人工授精进行研究并获得成功。洪振银等（1988）用冻精为9头母犬输精，取得成功。王力波等（1991）对德国牧羊犬的冻精研究也获成功，输精5头，4头怀孕，平均窝产仔数7头。安铁沫等（1993）对犬的冻精进行研究获得成功，冻后精子活力达0.4以上。刘海军等（1998）对德国牧羊犬冻精进行研究，结论为在最优条件下，解冻后精子活力为0.47，复苏率为52.2%，存活时间为8.23h，存活指数为1.08，顶体完整率为43%。孙岩松等（1999）研究结果显示，比格犬精液经冷冻保存后，最高解冻存活率达74%，解冻复苏率达到97.3%。赵禹等（2016）用维生素E对德国牧羊犬精液4℃保存效果的影响研究发现，维生素E还具有保持精子活力的作用。张安国等（2017）对犬可视化过子宫颈人工授精（ETCI）技术进行了研究。郝志明等（2018）对发情前期和发情期格力犬的血清孕酮水平及其适配期的冻精人工授精进行研究，结果产仔率达87.5%。高一龙等（2018）对拉布拉多犬低剂量性控冻精的人工授精研究发现，X和Y冻精后代性别控制准确率分别为83.33%和82.35%。狄和双等（2019）用不同浓度的低密度脂蛋白对犬精液冷冻效果进行研究发现，在冷冻稀释液中添加8%或10%LDL可以提高犬精液的冷冻效果。胡文举等（2019）研究结果显示，在犬精液冷冻液中添加0.5～1.0mmol/L的谷胱甘肽（GSH）能够显著提高冻融后的精子质量和体外存活时间。孙玲伟等（2020）研究5种糖类对犬精液冷冻保存效果发现，稀释液中添加果糖的冷冻精液解冻后精子顶体完整率最高，而添加蔗糖组顶体完整率最低。宋望成（2020）对犬精液低温保存及人工授精技术研究发现，对于法国斗牛犬精液低温4℃保存，使用1.0%大豆卵磷脂作为保护剂代替20%卵黄是可行的；当血清孕酮水平处于20～25ng/ml时，人工输精效果最佳。

目前，关于犬人工授精研究的报道主要见于部分科研院校，研究内容包括犬的精液品质检查、稀释液筛选、精液保存、冷冻、解冻及输精等方面。从研究成果来分析，有些研究机构基本掌握了这些技术，人工授精也获得一定的成功率，但成果仍主要停留在研究阶段，未见规模化的推广应用。

# 第二章

## 犬的生殖激素

## 第一节

# 犬生殖激素的分泌器官及种类

## 一、犬生殖激素的分泌器官

犬生殖激素分泌的器官有下丘脑、垂体前叶、睾丸等多种器官，构成大脑-下丘脑-垂体-性腺相互调节的复杂系统。有的器官可同时分泌多种激素，而有的器官仅分泌一种激素。

### （一）下丘脑

1.部位

下丘脑又称丘脑下部，位于丘脑的腹部、第三脑室周围，下丘脑包括第三脑室底部和下部的侧壁，丘脑下部内包含许多左右成对的核团。丘脑下部主要包括有视交叉、乳头体、灰白结节和由灰白结节向下延伸的漏斗部，漏斗部有一膨大处为正中隆突，其远端连接垂体后叶。丘脑下部的界限不甚明显，前方为视交叉及终板，后方为乳头体及脑脚间窝，上为大脑前联合及丘脑下沟，丘脑下部向下延伸与体柄相连（图 2-1）。

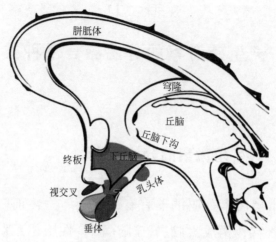

胼胝体

穹隆

丘脑

丘脑下沟

终板 下丘脑

视交叉 乳头体

垂体

图 2-1　下丘脑的解剖关系和神经核的位置图

2.下丘脑的组成和神经核

下丘脑的组织结构可分为内侧区和外侧区两部分，均含有许多神经核。外侧区的神经核群统称为下丘脑外侧核；与生殖激素有关的内侧区神经核群由前至后又可分为三个区，各区的神经细胞分布是不均匀的，而呈神经核的组合多由呈弥散状分布的中央灰质细胞组成，但也有少数由界限明显的有核细胞组成（图 2-2）。

（1）前区又称视上区，位于视交叉之上，包括视交叉上核、视上核、室旁核等；视上区的两个主要神经核，视上核和室旁核的界限比较明显，细胞甚大，含数个细胞核，由此两个神经核产生垂体激素，即垂体后叶素。

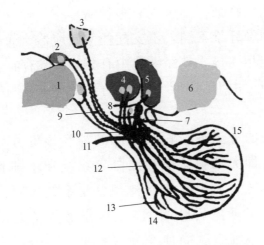

图 2-2　犬下丘脑的两个神经分泌系统图

1—视交叉；2—视上核；3—室旁核；4—腹内侧核；5—室周核；

6—乳头体；7—结上漏斗束；8—漏斗核；9—视上垂体；

10—第一微血管丛；11—垂体动脉分支；12—门静脉；

13—第二微血管丛（弓状核）；14—前叶；15—后叶

（2）中区又称灰白结节区，为丘脑下部最宽的部分，包括正中隆起、弓状核、腹内侧核等。

（3）后区又称乳头区，包括背内侧核、乳头体等。

3.丘脑下部的神经分泌系统

下丘脑许多神经元具有内分泌细胞结构特点，这些细胞被称为下丘脑的神经内分泌细胞，这些细胞兼有神经和腺体的特性。

神经细胞分泌的特点是血液供应丰富，微血管网发达，并与神经细胞的核紧密相连。细胞质中有线粒体及高尔基体，表明这些细胞具有分泌功能。具有合成蛋白质的生物学特征，细胞内有多种酶存在。轴突的末梢与一般的神经纤维不同，不支配任何效应器，而是与另一神经细胞相连接。神经细胞中有分泌颗粒存在，这些颗粒的分布可由细胞质、轴突一直到轴突末梢与微血管相连之处。

神经的分泌系统丘脑下部的神经核可分为两大分泌系统，即大细胞肽能神经分泌系统和小细胞肽能神经分泌系统。大细胞肽能神经分泌系统主要产生神经垂体激素（垂体后叶激素），其分泌的激素储存于垂体后叶。小细胞肽能神经分泌系统主要分泌多种促垂体激素，即促使垂体前叶分泌激素的各种释放激素和抑制激素。下丘脑内侧基底部，包括正中隆起、弓状核、视交叉上核、室周核和腹内侧核等区域的小细胞肽能神经元，它们的轴突末梢终止于正中隆起处垂体门脉系统的第一级毛细血管网。神经元分泌的肽类激素，又称下丘脑调节肽，经垂体门脉系统送至腺垂体，调节腺垂体的分泌活动，构成下丘脑-腺垂体系统。位于视上核、室旁核等处的大细胞神经元，细胞体积大，轴突末梢终止于神经垂体。下丘脑内小细胞神经元所在的区域称为下丘脑垂体区，这里的肽能神经元分泌的肽类激素统称为下丘脑调节肽，能调节腺垂体激素分泌的功能。下丘脑与腺垂体之间并无直接的神经联系，下丘脑促垂体区分泌的激素，从第一级毛细血管网经垂体门静脉，送至腺垂体第二级毛细血管网，进而对腺垂体的分泌进行调节。

## （二）垂体

垂体位于丘脑下部之下的蝶骨垂体凹内，通过垂体柄与丘脑下部相连。垂体可分垂体前叶和垂体后叶两部分，前者称为腺垂体，后者称为神经垂体。在前叶和后叶之间有一小的缺乏血管的区域叫中间部。腺垂体与神经垂体的分泌功能不同，但都与下丘脑有着结构和功能上的密切联系。神经垂体的部分血液可通过短门脉系统流向腺垂体。

### 1.垂体前叶

垂体前叶是非常重要的内分泌腺，其包括远侧部和结节部，远侧部占垂体的75%，腺细胞呈索状或聚集成团，有时彼此连接成索网，网眼内有血窦，血窦周围绕以网状纤维，垂体促性腺激素和其他许多激素均由此分泌。

垂体前叶的腺细胞由于胞浆染色反应不同，可分为着色细胞和嫌色细胞两大类。着色细胞又分为嗜碱性和嗜酸性细胞。垂体前叶所分泌的每一种激素都和固定的细胞类型有关。嗜酸性细胞占细胞总数的40%，界限明显，形态不规则，胞浆中含有特殊的嗜酸性颗粒，体积较小。嗜碱性细胞占细胞总数的10%，体积较大，形态不规则，胞浆内含有嗜碱性着色颗粒，颗粒大小不一。嫌色细胞是着色细胞的前身，占细胞总数的50%，这类细胞无分泌功能，当嫌色细胞产生染色颗粒以后，就转变成着色细胞，在着色细胞释放出着色颗粒后又变为嫌色细胞，根据释放和积累染色颗粒的不断变化，这些细胞有时处于嫌色状态，有时处于着色状态。

垂体前叶分泌三种促性腺激素，即促卵泡素（FSH）、促黄体素（LH）和促乳素（PRL）。

在垂体前叶的促性腺细胞的嗜碱性细胞中，有一种促卵泡细胞，多位于血管旁，细胞内有圆形颗粒；另一种为促黄体细胞，体积小而呈圆形或多角形，核内有皱襞，着色较深，细胞内颗粒大小不等。而促乳素则来自垂体前叶血管周围或靠近结缔组织隔膜处的嗜酸性细胞中的嗜卡红细胞。

2. 垂体后叶

垂体后叶主要为神经部。由神经胶质、神经纤维和少量结缔组织构成。神经分泌物来自丘脑下部的视上核和室旁核的神经细胞，沿视上垂体束的神经纤维，经正中隆起、漏斗蒂（两者合称垂体柄）下达垂体神经部。在神经纤维内可见有排列成串的神经分泌颗粒，直达神经纤维末端。这些神经分泌颗粒常常聚集成大小不等的团块，又称赫令体。垂体后叶储存有吸收分泌颗粒以及催产素和加压素两种垂体后叶激素，而本身没有分泌机能。

3. 垂体中间部

中间部是介于远侧部和神经部中间的一窄条组织，在动物中的作用不清楚。在人类可分泌黑色细胞刺激素（MSH）。中间部有抵达垂体后叶的视上垂体束，当被切断时，可引起中间部的变化。

## 二、生殖激素的种类及来源

### （一）根据来源和功能可分为三类

1. 促垂体调节激素

主要由丘脑下部某些神经分泌细胞合成分泌的激素，故又称作神经激素。按其生理功能又可分为释放激素和抑制激素两类。

2. 促性腺激素

由垂体前叶分泌，并刺激性腺产生类固醇激素。

3. 性腺激素

主要由卵巢和睾丸分泌，胎盘和肾上腺也能分泌部分性腺激素。

### （二）根据化学性质可分为三类

1. 蛋白质和多肽激素

这一类激素最多，分子结构变化很大，肽链由数个到近200个氨基酸组成。如丘脑下部产生的促垂体调节激素，垂体产生的促性腺激素、垂体后叶激素等。

2. 类固醇激素

其基本结构是以环戊烷多氢菲为共同核心的一类化

合物，如性腺激素中的雄激素和孕激素。

3.脂肪酸类激素

由部分环化的 20 碳不饱和脂肪酸组成，如前列腺素。

## 第二节

# 公犬主要生殖激素

## 一、雄激素

雄激素是类固醇激素，主要有睾酮、双氢睾酮、脱氢异雄酮和雄烯二酮等。雄激素都是含有 19 个碳原子的化合物，有乙酸盐或胆固醇为原料。睾丸间质细胞分泌的雄激素主要为睾酮，但睾酮活性不如双氢睾酮，其余几种更弱。在分泌雄激素的细胞中，雄烯二酮在 17β-羟脱氢酶催化下转化成睾酮，该反应是可逆的。5α-还原酶催化睾酮转化为双氢睾酮。雄激素在组织中不能长期存在，很快便会被利用或被降解而通过尿液和粪便排出体外。睾酮在芳香化酶的作用下可转化成雌二醇。雌性动物的卵巢和肾上腺皮质也能分泌少量的雄激素。

双氢睾酮与睾酮共用同一受体，双氢睾酮与受体的亲和力远大于睾酮，双氢睾酮是睾酮在靶细胞内的活性产物，但高浓度的睾酮也可以与受体结合形成激素-受体复合物。但两者的生物学作用不完全相同，双氢睾酮一方面可扩大或强化睾酮的生物学效应，另一方面可调节某些特殊的靶基因的特异性功能。睾酮在血液中只有 2％是游离的，98％为结合型，其中大部分与白蛋白结合，还有部分与性激素结合蛋白结合。睾酮主要在肝中被灭活，代谢产物从尿中排出，少量随粪便排出。

## （一）雄激素的生物学作用

（1）促进精子生成，启动睾酮和维持精子发生，睾酮与双氢睾酮一方面与生精细胞中的雄激素受体结合，促进精子生成；另一方面还可与支持细胞产生的雄激素结合蛋白结合，转运到曲细精管，维持曲细精管内精子生成所需的雄激素浓度。

（2）在雄性胎儿性别分化过程中，睾酮主要影响曲细精管、输精管和附睾等生殖器官的发育；双氢睾酮促进尿道、前列腺及阴茎等外生器官的发育。

（3）睾酮可作用于中枢神经系统的大脑和下丘脑，引起性欲和性行为。

（4）促进肌肉和生殖器官蛋白质的合成，增加骨质生成和抑制骨吸收；激活肝酯酶，加快高密度脂蛋白的分解，促进脂质和钙、磷沉积。

（5）促进促红细胞生成素的合成，进而促进红细胞生成。

## （二）雄激素的分泌调节及应用

睾丸分泌雄激素受下丘脑-垂体-性腺轴的调控，雄激素对下丘脑-腺垂体有反馈性调节作用。此外，还存在睾丸局部调节机制。

（1）下丘脑-垂体对睾丸的调节在内外环境因素的刺激下，下丘脑释放的 GnRH 通过垂体门脉作用于腺垂体，LH 和 FSH 的分泌进一步调控精子生成和雄激素的分泌。

（2）雄激素对下丘脑-垂体的反馈调节中，当血浆雄激素浓度达到一定浓度时，可反馈性作用于下丘脑和腺垂体，抑制 GnRH 和 LH 的分泌，使血中睾酮维持在一定的浓度。

（3）睾丸的局部调节，睾丸支持细胞、生精细胞和间质细胞三者之间，存在着复杂的局部调节机制。支持细胞有芳香化酶，能将间质细胞产生的睾酮转化为雌二醇。雌二醇可降低垂体对 GnRH 的敏感性，使睾酮分泌减少。睾丸产生的 GnRH、胰岛素样生长因子和白细胞介素等肽类物质，可能以旁分泌或自分泌方式，在局部调节睾丸的功能。

（4）睾酮可用于临床上治疗公犬性欲低下或性机能减退，但单独使用不如睾酮与雌二醇联合处理效果好。

## 二、前列腺素

前列腺素（prostaglandin，PG）最初是在动物的精液中发现，被认为是前列腺分泌的激素，被称为前列腺素。研究证明，PG 广泛存在于体内多种组织，并具有广泛的生物学作用。PG 是一类长链不饱和羟基脂肪酸，其生物合成是由必需脂肪酸通过 PG 合成酶的作用，经环化和氧化反应，在细胞膜内进行的。PG 分子的基本结构为含有一个环戊烷及两个脂肪酸侧链的 20 碳脂肪酸，分子质量为 $300 \sim 400u$。目前发现，天然 PG，根据脂肪酸侧链的双键的数目分为三类，又根据环上取代基和双键的位置的不同而分为 A、B、C、D、$E_2$、F、G、H、I 9 型。其中在 C-9 有酮基、在 C-11 有羟基的称 $PGE_2$，在这两处都有羟基的为 PGF。所有的 PG 在 C-13 及 C-11 有羟基的称 $PGF_{2\alpha}$。其中 PGF 和 $PGE_2$ 与动物繁殖密切相关。PG 在公犬生殖系统中的作用包括以下几方面。

### （一）影响睾酮的生成

适当剂量的 PG 处理，不会影响生殖能力，若用量过大就会降低外周血睾酮的含量。

### （二）影响精子生成

给犬注射 $PGF_{2\alpha}$，可使睾丸重量增加，精子数量增多。如果注射大剂量 $PGE_2$ 或 $PGF_{2\alpha}$ 可使睾丸和副性腺减轻，造成曲细精管生精功能障碍、生精细胞脱落和变性。

### （三）影响精子运输和射精量

小剂量 PG 能促进睾丸网、输精管收缩，有利于精子运输增加射精量。

### （四）影响精子活力

$PGE_2$ 能增强精子活力，$PGF_{2\alpha}$ 却能抑制精子活力。

### （五）可用于增加精子的射出量和提高人工授精的效果。

## 第三节

## 母犬主要生殖激素

犬从发情初期开始到排卵期出现，最后进入发情后期，整个阶段生殖系统都在激素的调控下出现了特异性的变化规律，激素水平的高低将直接影响生殖器官发育，其浓度范围可间接反映排卵情况。

## 一、雌二醇

雌二醇（$E_2$）是母犬用来维持第二性征的重要激素，可以维持正常的发情和繁殖并使排卵后的滤泡变为黄体。$E_2$ 由卵泡膜内层及胎盘产生，进入发情前期，$E_2$ 水平上升，母犬出现外阴红肿、出血及吸引公犬嗅闻等特征性表现。随着卵泡的发育成熟，$E_2$ 的水平到达峰值，同时孕酮（$P_4$）的浓度升高加快，随后 $E_2$ 浓度逐渐下降，24～48h 后 LH 到达高峰，进入发情期，母犬的行为变化为从拒绝交配转向主动求偶。

## 二、促黄体素

促黄体素（LH）在卵泡期分泌量基本保持恒定，直到排卵前因雌激素的正反馈作用，使 GnRH 分泌脉冲频率加快、分泌量增多，LH 分泌量开始增多，形成排卵前峰，触发排卵。排卵后，LH 分泌量又逐渐减少，除在黄体中期常出现一次小分泌峰外，在整个黄体期基本恒定在较低水平。临床常采用酶标法、放射免疫法以及时间分辨法来测定血浆 LH 值，预测排卵时间。而血浆 LH 值呈脉冲式分泌，特别是在靠近 LH 峰的时候，峰性分泌的脉冲幅度更大。因此在某一个特定的时间点测定的血浆 LH 值受到脉冲分泌的影响较大，在一定程度上很难确定 LH 起始峰及达峰时间，从而很难确定排卵情况。

## 三、促卵泡激素

促卵泡激素（FSH）能够促进卵泡的发育和成熟，协同 LH 促进 $E_2$ 分泌和排卵。间情期末，GnRH 脉冲频率显著升高，垂体对 GnRH 的敏感性增加，血液中的 FSH 浓度随之升高。对犬卵巢切片的放射自成像分析表明，FSH 结合位点仅能在窦卵泡的颗粒细胞中检测到，峰值强度在窦卵泡直径小于 1mm 时可见。相反，LH 的受体不存在于窦前卵泡中，并且在直径大于 1mm 的卵泡中发现，提示 FSH 在犬早期卵泡发育及终止间情期起到一定作用。多种哺乳动物的卵泡发育都伴随着卵泡波的出现，卵泡的分泌呈脉冲式，通常在一个发情周期中会出现多个卵泡波，且每个卵泡波都伴随着一个 FSH 的分泌峰。研究显示，FSH 和 $E_2$ 的分泌相互拮抗，FSH 处于峰值时 $E_2$ 含量处于低水平，在卵泡成熟后，卵泡受 FSH 作用力减弱，从对 FSH 的依赖转移至对 LH 依赖。

## 四、孕酮

在母犬的发情周期中，由于黄体形成、维持和消失很有规律，相应地形成了规律的孕酮（$P_4$）分泌，即孕酮水平与黄体功能高度相关。体液中的 $P_4$ 含量相对较高，易于定量分析。通过测定血浆中 $P_4$ 的水平，可以判断卵巢上是否有黄体，从而可以初步判断母犬的繁殖状态。母犬在发情前期，$P_4$ 水平是非常低的（$0\sim1$ng/ml)，在 LH 增长之前，$P_4$ 含量就已经开始上升了。在 LH 峰值的时候，$P_4$ 含量已经达到 $1.5\sim2.5$ng/ml，并且不断上升。$P_4$ 升到 $3$ng/ml 时，该犬处于排卵的第一天，LH 峰值很有可能在过去的 $24\sim72$h 已经出现。另外建议 $2\sim4$d 后再做一次样品检测，来确保 $P_4$ 含量在持续上升以及有排卵。排卵后黄体形成，$P_4$ 分泌量比排卵前明显增加，一般认为 $\geq5$ng/ml 时为排卵。但卵泡未破裂黄素化时，血中 $P_4$ 也可升高达此水平，故结合 B 超监测判断是否排卵更准确。

# 第三章

## 犬的生殖器官

第一节

## 公犬的生殖器官及其机能

公犬生殖器官由睾丸、附睾、阴囊、输精管、副性腺、阴茎、尿生殖道组成（图3-1）。

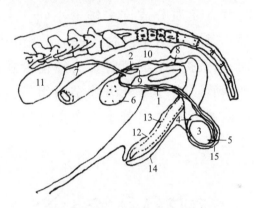

图 3-1　公犬生殖器官构造图

1—输精管；2—壶腹部；3—睾丸；4—附睾头；5—附睾尾；6—膀胱；

7—输尿管；8—尿道；9—前列腺；10—直肠；11—肾；

12—阴茎；13—阴茎骨；14—包皮；15—阴囊皮肤

## 一、睾丸

### （一）形态构造

睾丸是公犬的生殖腺，呈卵圆形，两端为头端和尾端，两个缘为游离缘和附睾缘。睾丸位于阴囊中，左右各一，是产生精子和分泌性激素的场所。成年犬睾丸的体积与犬的品种、个体大小密切相关。

睾丸表面被以浆膜，即固有鞘膜，其内是致密结缔组织构成的白膜。睾丸白膜厚而坚韧，从睾丸头端向睾丸实质部伸入结缔组织索，构成睾丸纵隔，并向四周呈放射状伸出许多结缔组织小梁，直达白膜，称为中隔，将睾丸实质分成许多锥形小叶。小叶顶端朝向睾丸中部，基部坐落于白膜。每个小叶由2～3条细精管盘曲而成，称为曲细精管。曲细精管在小叶顶端汇合成直细精管，穿入睾丸纵隔结缔组织内，形成睾丸网，最后由睾丸网分出若干条睾丸输出管盘曲成附睾头（图 3-2）。

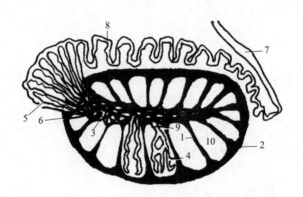

图 3-2　成年犬睾丸附睾结构图

1—睾丸间隔；2—白膜；3—睾丸网；4—曲细精管；5—输出管；6—睾丸纵隔；
7—输精管；8—附睾管；9—直细精管；10—睾丸小叶

一般在胎儿期，受睾丸引带和性激素的影响，睾丸和附睾经腹股沟下降到阴囊内，这个过程称为睾丸下降。大部分犬出生时睾丸已降到阴囊，迟的也在6月龄内降到阴囊。若睾丸一侧或双侧没有降到阴囊内，称为隐睾。隐睾的内分泌机能不受影响，但精子发生机能异常。

### （二）机能

#### 1.精子生成

精子由曲细精管生殖上皮的生殖细胞生成。生殖细胞在生殖上皮由表及里经过4次有丝分裂和两次减数分裂形成精子细胞，最后经过形态学变化生成精子。

#### 2.激素分泌

位于细精管之间的间质细胞分泌雄激素。睾丸曲细精管内的支持细胞还分泌蛋白质激素，如抑制素、激活素等。

## 二、附睾

### （一）形态构造

附睾分为附睾头、附睾体、附睾尾三部分。附睾外表有固有鞘膜和白膜，白膜伸入附睾内，将附睾分成许多小叶，内部为盘曲的管道。附睾头由12～25条睾丸输出管盘曲组成，借结缔组织联结成若干附睾小叶，这些附睾小叶联结成扁平而略呈杯状的附睾头端沿着附睾缘延伸的狭窄部分为附睾体。在睾丸的尾端扩张而成附睾尾。

## （二）机能

### 1.促进精子成熟

从睾丸细精管生成的精子，刚进入附睾头时颈部常有原生质小滴，活动微弱，受精能力很低。在精子通过附睾时，原生质小滴向尾部末端移行，精子逐渐成熟，并获得向前直线运动能力、受精能力以及使受精卵正常发育的能力。

### 2.吸收作用

附睾头和附睾体的上皮细胞具有吸收功能，可将来自睾丸较稀薄精液中的电解质和水分吸收，使在附睾尾的精子浓度大幅升高。

### 3.运输作用

附睾主要通过管壁平滑肌的收缩，以及上皮细胞纤毛的摆动，将来自睾丸输出管的精子悬浮液自附睾头运动到附睾尾。

## 三、阴囊

阴囊位于腹股沟部与肛门之间，由皮肤、肉膜、提睾肌、筋膜和总鞘膜构成。由中隔将阴囊分为2个腔，每个睾丸分别位于一腔。

阴囊具有温度调节作用，以保护精子正常生成。当温度下降时，内膜和提睾肌收缩使睾丸上提，紧贴腹壁，阴囊皮肤紧缩变厚。当温度升高时，内膜松弛，阴囊下垂，皮肤变得光滑，以降低睾丸的温度。阴囊腔的温度低于腹腔内的温度，通常为 34～36℃。阴囊的动脉和静脉的特殊血管分布和血液回流也有利于睾丸温度调节。

## 四、输精管

输精管是输送精子的管道，由附睾管延续而来，与通往睾丸的神经、血管、淋巴管、提睾内肌组成的精索一起通过腹股沟管，进入腹腔，转向后进入骨盆腔，通往尿生殖道，开口于尿生殖道骨盆部背侧的精阜。

在近开口处输精管变粗，形成膨大的壶腹部。壶腹部内有丰富的分支管状腺，具有副性腺的性质，其分泌物也是精液的组成成分。输精管壁具有发达的平滑肌纤维，管壁厚而口径小，当犬射精时依靠其有力的收缩作用将精子排出。

## 五、副性腺

犬的副性腺与其他家畜相比有明显的区别，犬没有精囊腺和尿道球腺，只有前列腺。犬的前列腺非常发达，体积较大，位于尿生殖道起始部背侧、耻骨前缘，为黄色球状对称的腺体。犬的前列腺根据功能不同可分为腺体部和扩散部，腺体部发达，扩散部较小。其分泌物是一种黏稠的蛋白样液体，呈弱碱性，具有特殊气味，能中和酸性的阴道液，刺激精子，增强精子活力，还具有冲洗尿道的作用。

## 六、尿生殖道

尿生殖道为尿液和精液的共同通道，起源于膀胱，终止于龟头，由骨盆部和阴茎部组成。

骨盆部由膀胱颈直达坐骨弓，为短而粗的圆柱形，表面覆有尿道肌，前上壁有由海绵体组织构成的隆起，即精阜，输精管、精囊腺、前列腺开口于此，后上方有尿道球腺开口。精阜在射精时可以膨大，关闭膀胱颈，阻止精液流入膀胱。阴茎部起于坐骨弓，止于龟头，位于阴茎海绵体腹面的尿道沟内，为细而长的管状，表面覆有尿道海绵体和球海绵体肌。管腔平时皱缩，射精和排尿时扩张。

## 七、阴茎和包皮

阴茎是公犬的交配器官，平时隐藏在包皮内，有交配欲望或交配时勃起、伸长、变粗、变硬。犬的阴茎与其他家畜的明显区别是龟头和骨骼，阴茎体在交配勃起时可弯曲180°。

## （一）阴茎的结构

犬的阴茎可分为阴茎根、阴茎体、龟头三个部分。

1. 阴茎根

为阴茎的起始部，具有左右两阴茎脚，附着在坐骨弓两侧的坐骨结节上，阴茎脚外包裹着发达的海绵体肌。

2. 阴茎体

是阴茎脚的延续，犬的阴茎体发育相对较差，而犬阴茎勃起时阴茎体不起主导作用，在公母犬交配锁结后，随着公犬的转身相向，阴茎体则随之弯曲作一个180°的转弯。

3. 龟头

是阴茎体的延续部分，龟头是阴茎柔软的部分。公犬的龟头部分很发达，犬交配时插入阴道的是阴茎的龟头部分。犬的龟头由龟头体和龟头球两部分构成。龟头体呈圆柱状，游离端为一尖端，龟头球是龟头体后方突起的两个圆形膨大部，龟头中央是阴茎骨，大型成年犬的阴茎骨长达16cm或更长。

## （二）海绵体

犬阴茎的海绵体由阴茎海绵体和尿道海绵体两种构成。由于海绵体外包有一层较厚的致密结缔组织——白膜，白膜深面有无数的小梁，伸入海绵体中构成支架，小梁内有平滑肌纤维，小梁分支之间形成许多间隙，这些间隙实际上是具有扩张能力的毛细血管窦，在神经调节作用下，小梁内的平滑肌纤维可以舒张，让血液进入毛细血管窦内，使阴茎勃起交配。交配结束后同样在神经调节作用下，平滑肌纤维收缩，促使血液从毛细血管窦内排出，海绵体收缩变小。

1.阴茎海绵体

由阴茎根到阴茎前端与阴茎白膜共同构成阴茎体。阴茎海绵体的阴茎脚部分附着于坐骨结节上，前端龟头内的海绵体钙化成阴茎骨。犬的阴茎海绵体不发达。

2.尿道海绵体

从骨盆腔到阴茎前端围绕于尿道周围。骨盆腔内海绵体的起始部分叫尿道球。尿道海绵体在阴茎前端，比较发达，形成龟头，在龟头球部分的海绵体毛细血管窦特别发达。因此，公犬阴茎勃起时阴茎龟头球特别膨大，被母犬阴道的收缩而锁住，形成犬类动物特有的交配锁结现象。

## （三）阴茎骨

阴茎骨是阴茎海绵体前端的 1/2 骨化而成的，是犬科动物特有的结构。阴茎骨包藏于龟头中，呈三棱锥形，前端较细，腹侧有沟，沟内有尿道和尿道海绵体。

## （四）勃起肌

勃起肌是参与阴茎勃起作用的肌肉。包括坐骨海绵体肌、球海绵体肌、坐骨尿道肌和阴茎退缩肌。

1. 坐骨海绵体肌

始于坐骨结节，止于阴茎脚外围。勃起时，使阴茎保持一定的方向，同时闭锁阴茎深静脉。

2. 球海绵体肌

始于肛门括约肌，包着尿道球。勃起开始时，可暂时使尿道球潴留的血液通过尿道海绵体送往龟头，同时起着闭锁尿道球静脉的作用。

3. 坐骨尿道肌

始于坐骨结节，在阴茎根附近形成环状肌，止于阴茎背静脉。与别的家畜相比，犬的坐骨尿道肌不发达，在勃起时不能有效地闭锁阴茎背静脉。

4. 阴茎退缩肌

始于肛门括约肌，通过阴茎的腹正中线，止于阴茎体。勃起消退时，能使阴茎退缩回包皮内。

## （五）血管

血管是保证阴茎血液循环和阴茎勃起的血液通道，包括动脉与静脉。

1. 动脉

动脉是由阴部动脉分支形成的阴茎动脉。由于阴茎内部的细小动脉与其他部位的动脉相比结构较为特殊，主要是平滑肌纤维丰富，勃起时，受神经调节的作用，血管扩张，让大量的血液输入海绵体血管窦，有助于阴茎的勃起。

2.静脉

阴茎静脉最明显的特点是内腔狭窄，为防止血液倒流，静脉瓣非常发达，这种结构的特征是能承受较高的血压。

## （六）阴茎的神经分布

阴茎的神经来自阴部神经和骨盆神经。

1.阴部神经

来自第 3、4 荐神经的腹侧支神经，阴部神经进入骨盆腔，分出膀胱、前列腺、尿道小腺体、直肠支神经后，分布于阴茎，达到海绵体内，成为勃起神经，勃起时使动脉血快速流入海绵体血管窦，其腹神经与射精有关。

2.骨盆神经

骨盆神经分出会阴、直肠支神经后，成为阴茎背神经，经过阴茎背侧，最终成为龟头皮肤感觉神经末梢，这些神经末梢集中于尿道突起及龟头球的皮肤处。

## （七）阴茎勃起的机能

犬的阴茎勃起交配的过程与其他家畜有明显的区别。其他家畜的交配是在阴茎完成勃起达到最硬、最大时才插入，插入后即射精而完成整个交配过程（图 3-3）。犬的阴茎勃起分交配前、交配中、交配结束期三个阶段，交配是在性兴奋开始时，阴茎未完全勃起的状态下插入，在插入后才达到完全勃起并与母犬阴道锁结在一起，完成整个交配过程，其射精也有三个阶段。

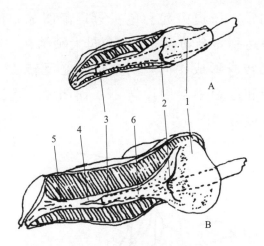

图 3-3 犬阴茎结构

A—松弛图；B—勃起图

1—球腺；2—腺体深层系带；3—阴茎头部；4—纤维软骨末端；

5—网眼状鞘；6—犬阴茎

### 1. 交配前阴茎勃起

公犬有交配欲望时，性兴奋开始，性兴奋通过神经传导到阴茎的各种组织中，继而动脉大量供血给海绵体，使之膨胀，动脉血压升高，但静脉不闭锁，虽然动脉压升高，进入海绵体血液增加，阴茎也稍有膨胀，而没有达到完全勃起。此时，公犬阴茎抽动，依靠阴茎骨的支撑，已经插入母犬的阴道内。

2.交配中阴茎完全勃起

阴茎插入阴道后，受到阴道的刺激，勃起神经更加兴奋，使动脉血快速流入海绵体，海绵体内压增高，阴茎白膜紧张，阴茎勃起肌收缩，母犬阴门收缩，使阴茎的静脉闭锁，尿道突起和龟头冠逐渐明显，龟头球膨胀，阴茎达到完全勃起，此时公母犬锁结在一起。由于公犬调头转身形成相向，阴茎也随之反转180°，但阴茎动脉管和尿道不会因反转180°而闭锁，血液流入和射精照常进行（图3-4）。

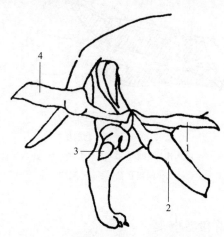

图3-4 犬阴茎交配前后扭转图

1—正常状态；2—交配第一阶段；3—扭转；4—交配第二阶段

3.交配结束期的阴茎勃起消退

公犬射精后，阴茎勃起肌停止收缩，母犬阴门也停止收缩，阴茎的静脉解除闭锁，龟头球的血液流出，龟头球萎缩，公母犬的锁结解除，阴茎滑出阴道，阴茎恢复自然角度，海绵体血液畅流，阴茎勃起消退。

## （八）包皮

包皮是腹下皮肤形成的双层鞘囊，分别为内包皮和外包皮，阴茎缩在包皮内，勃起时内外包皮伸展，被覆于阴茎表面。包皮的黏膜形成许多褶，并有许多弯曲的管状腺，分泌油脂性分泌物，这种分泌物与脱落的上皮细胞及细菌混合，形成带有异味的包皮垢。包皮起着保护阴茎的作用，同时它还可以维持龟头的温度、调节pH值以及保持清洁。

## 第二节

## 母犬的生殖器官及其机能

母犬的生殖器官由卵巢、输卵管、子宫、阴道、外阴部组成。前四部分是内生殖器官，由阔韧带附着支持，上为直肠、下为膀胱（图3-5）。

## 一、卵巢

### （一）形态结构

卵巢是产生卵子和分泌雌性激素的器官。犬的卵巢成对，其位置、形状和大小各不相同，随母犬所处的不同生理繁殖阶段而异，其形状和大小主要取决于卵泡和黄体的变化，而位置随妊娠与否和妊娠阶段而变化。

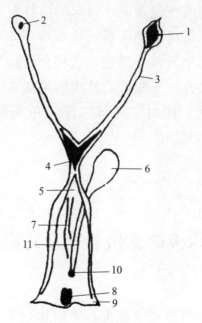

图 3-5　母犬生殖器官构造图

1—切开的卵巢囊；2—卵巢囊；3—子宫角；4—子宫体；5—子宫颈；6—膀胱；

7—阴道；8—阴蒂；9—阴唇；10—尿道口；11—输尿管

卵巢组织由弹性的结缔组织构成，表面是致密的白膜，白膜外面有一单层的生殖上皮。卵巢由皮质部和髓质部组成，皮质部包在髓质部的外面，内含不同发育阶段的卵泡和红体、白体及黄体。皮质部的结缔组织含有许多成纤维细胞、胶原纤维、网状纤维、血管、神经和平滑肌纤维。血管分为小支进入皮质，并在卵泡膜上构成血管网。髓质部含有许多细小血管、神经，由卵巢门出入，所以卵巢门上没有皮质，卵巢门上有成群较大的上皮样细胞，称为门细胞，具有分泌雄激素的功能（图3-6）。

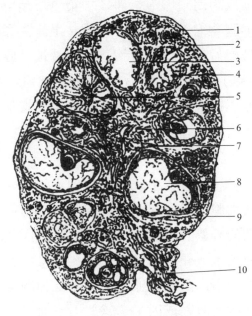

图3-6　母犬卵巢结构模式图

1—白膜；2—皮质；3—闭锁卵泡；4—白体；5—黄体；6—髓质；

7—血管；8—卵泡；9—生殖上皮；10—卵巢系膜

## （二）机能

### 1.卵泡发育和排卵

卵巢皮质部表层聚集着许多原始卵泡，原始卵泡由一个卵原细胞和周围的单层扁平卵泡细胞组成，卵原细胞包裹在逐渐增多的卵泡细胞中发育。随着卵泡的发育，经过初级卵泡、次级卵泡、生长卵泡和成熟卵泡阶段，卵原细胞经过初级卵母细胞、次级卵母细胞最终发育为成熟的卵子，由卵巢排出。不能发育成熟而退化的卵泡，萎缩成为闭锁卵泡，卵核中染色质崩解，卵母细胞和卵泡细胞萎缩，卵泡液被吸收，最终失去卵泡的结构。成熟排卵后的卵泡腔皱缩，卵泡液被吸收，最终失去卵泡的结构。成熟排卵后的卵泡腔皱缩，形成凝血块，称为血体或红体，以后随着脂色素的增加，逐渐变成黄体。

2.激素分泌

在卵泡发育的过程中，包围在卵泡细胞外的两层卵巢皮质基质细胞形成卵泡膜。卵泡膜可分为血管性的内膜和纤维性的外膜，外膜和内膜细胞共同合成雄激素，后者由卵泡细胞或颗粒细胞转化成雌激素。除了分泌性激素外，处于不同阶段的卵泡还能分泌抑制素、活化素和其他多种肽类激素或因子，这些因子通过内分泌或旁分泌的方式调节卵泡的发育。

## 二、输卵管

### （一）形态结构

输卵管通过宫管连接部与子宫角相连接，附着在子宫阔韧带外侧缘形成的输卵管系膜上，长而弯曲，长度约为4～10cm，直径1～2mm，输卵管的前端为膨大的漏斗状，称输卵管漏。其边缘是不规则的皱褶呈伞形，故称为输卵管伞。输卵管漏中央有输卵管腹腔口与腹腔相通。输卵管前端附着在卵巢前端，后端与子宫角的前端相连，其中开口称输卵管子宫口。输卵管前段处为粗而软的壶腹部，是卵子和精子受精的部位。壶腹后段变细，称峡部。壶腹与峡部的连接处称为宫管连接部。

输卵管的管壁组织结构从外向内由浆膜、肌层和黏膜组成，肌层可分为内层环状或螺旋状肌束和外层纵行肌束，其中的斜行纤维，使整个管壁能协调地收缩。输卵管上皮细胞有柱状纤毛细胞和无纤毛细胞，柱状纤毛细胞在输卵管的卵巢端，特别在输卵管伞，越向子宫端越少，纤毛尖端朝向子宫，借助纤毛运动，卵子向子宫角方向移动。

## （二）机能

### 1.运送卵子和精子

借助输卵管纤毛的摆动、管壁的分节蠕动和逆蠕动、黏膜和输卵管系膜的收缩、纤毛摆动引起的液体流动产生的动力将卵巢排出的卵子经过输卵管伞向壶腹部运送。将精子反向峡部向壶腹部运送。

### 2.精子的获能、卵子受精、受精卵卵裂

精子在受精前必须在输卵管内停留一段时间，以获

得受精能力。受精卵在卵裂的同时向峡部和子宫角运行。宫管连接部对精子具有筛选作用，并影响精子和受精卵的运行。

### 3.分泌功能

输卵管的分泌物主要是黏蛋白和黏多糖，是精子和卵子运行的运载工具，也是精子、卵子和受精卵的培养液，其分泌受激素控制，发情时分泌增多。

## 三、子宫

### （一）形态结构

子宫是胚胎发育的空腔性器官。子宫由子宫角、子宫体和子宫颈 3 部分组成。犬的子宫角基部内有纵隔将两角分开为对分子宫，也称双间子宫；子宫体较短，但子宫角却特别长。以中型犬为例，子宫角长约 12～15cm，完全置于腹腔中，子宫角腔内径均匀、没有弯曲、较为平直呈圆柱状；子宫体则很短，约为 2～3cm 的圆柱状器官，位于骨盆腔内，部分在腹腔内。子宫体与阴道的连接部为子宫颈，是由括约肌样构造的厚壁组成一条狭窄的管腔。子宫颈末端管壁逐渐增厚（长度为 0.3～1cm），无明显的子宫颈内口。

子宫的组织构造从外向内分别为内膜、肌层和浆膜三层。内膜包括黏膜上皮和固有膜。黏膜上皮是单层柱状上皮，有分泌作用，其上皮细胞游离缘纤毛时有时无，黏膜上皮随动物发情周期发生变化。固有膜是含有丰富血管的结缔组织，固有膜浅层含有星形的胚性结缔组织细胞、巨噬细胞、肥大细胞等多种细胞和胶原纤维、网状纤维。固有膜深层里含有简单、分支、盘曲的子宫腺，子宫腺在子宫角部位较多，子宫体则逐渐减少，而到子宫颈处更少。子宫腺的分泌物为附植的早期胚胎提供营养。子宫肌层的外层薄，为纵行的肌纤维；内层厚，为螺旋形的环状肌纤维。子宫颈肌是子宫肌的附着点，同时也是子宫的括约肌，其内层特别厚，且有致密的胶原纤维和弹性纤维，是子宫颈皱襞的主要构成部分。浆膜就是子宫外膜，是一层由疏松结缔组织和间皮组成的坚韧的膜，它与子宫阔韧带的浆膜相连。

## （二）机能

1. 贮存、筛选和运送精子，有助于精子获能

母犬发情时，子宫颈口张开，有利于精子进入。公犬射精后，大量的精子贮存在复杂的子宫颈隐窝内。进入子宫的精子借助子宫肌的收缩作用运送到输卵管，在子宫内膜分泌液作用下，使精子获能。

2. 胚胎的附植、妊娠和分娩

子宫内膜的分泌物可使精子获能，还能提供胚胎发育的营养；胚囊附植时子宫内膜，母体胎盘与

胎儿胎盘结合，为胎儿的生长发育创造良好的环境。妊娠时子宫颈黏液高度黏稠形成栓塞，封闭子宫颈口，起屏障作用，防止子宫感染。分娩前子宫颈栓塞液化，子宫颈扩张，随着子宫的收缩使胎儿和胎膜排出。

3.调节卵巢黄体功能

子宫通过局部的子宫-卵巢静脉-卵巢动脉循环而调节黄体功能或发情周期。未妊娠子宫角在发情周期的一定时期分泌 $PGF_2$，使卵巢的周期黄体溶解、退化，诱导促性腺激素的分泌，引起新一轮卵泡发育并导致发情。

## 四、阴道

犬的阴道较长，从子宫颈延伸到阴道前庭，以不太明显的处女膜分界。完全位于骨盆腔，背侧为直肠，腹侧为膀胱和尿道，前接子宫，有子宫颈口突出于阴道，形成一个环形隐窝，称为阴道穹隆和子宫颈阴道部。后接尿生殖前庭，以尿道外口和阴瓣为界。犬的阴道因母犬的品种不同大小长度有差异，中型犬的阴道长度为 $9\sim15cm$。

阴道壁由上皮、肌膜和浆膜组成。上皮由无腺体的复层扁平上皮细胞构成，在接近子宫颈的前部有一些分泌细胞，上皮表层不角化。肌膜由一厚的内环层和一薄的外纵层构成，后者延续到子宫内一定距离，肌层中有丰富的血管、神经束和小群神经细胞以及疏松和致密的结缔组织。浆膜是疏松结缔组织，与相邻的器官结缔组织相连接。

阴道既是交配器官，又是分娩时的产道。交配时储存于子宫颈阴道部的精子不断向子宫颈内供应。阴道的生化和微生物环境，能保护上生殖道免受微生物的入侵。阴道还是子宫颈、子宫黏膜和输卵管分泌物的排出管道。

## 五、外生殖器

犬的外生殖器包括尿生殖前庭、阴唇和阴蒂。

尿生殖前庭为前接阴道、后接阴门裂的短管。前高后低，稍微倾斜。与阴道的交界为阴瓣，其后为尿道外口，两侧有前庭小腺开口，背侧有前庭大腺开口。牛的尿生殖前庭腹侧有一黏膜形成的盲囊，称为尿道下憩。前庭大腺开口于侧壁小盲囊，前庭小腺不发达，开口于腹侧正中沟中。尿生殖前庭为产出、排尿、交配的器官。

阴唇构成阴门的两侧壁。其上下端为阴唇的上下角，两阴唇间的开口为阴门裂，阴唇外面为皮肤，内为黏膜。两阴唇的上部联合，与肛门皮肤之间没有明显界线，下部连合的前端稍离体下垂，呈突起状。阴唇光滑而柔软、富含弹性结缔组织、平滑肌纤维及脂肪组织。母犬阴唇在发情期充血、浮肿、胀大。阴唇黏膜是由多角形上皮细胞和角化细胞形成的复层扁平上皮。

　　阴蒂位于阴门裂下角的凹陷内，由海绵体构成，被覆以复层扁平上皮，具有丰富的感觉神经末梢，为退化了的阴茎。

# 第四章

## 公犬的生殖生理

## 第一节

## 公犬性成熟及性行为

### 一、性成熟及适配年龄

公犬性成熟是指青年公犬发育到一定时期，已具备成熟和完善生殖机能的时期，标志着犬达到具有正常繁殖能力的年龄。然而，性机能的成熟一般早于身体的成熟，达到性成熟年龄的公犬并不一定达到了正式用于配种的年龄。因此，为了保证公犬自身的充分发育和保持高繁殖效率，一般都根据品种、个体发育规律及繁殖能力等因素，对不同犬品种人为地确定适用于配种的公犬年龄阶段，即适配年龄。公犬适配年龄要晚于性成熟，通常认为为 18 月龄以后。

### 二、性行为表现

性行为是公母犬接触中表现出来的特殊行为，是由犬体内激素和体外特殊因素（外激素及感官的神经刺激等）共同作用而引起的特殊反应。不同性别具有各自独特的性行为表现形式。

公犬性行为的表现形式主要包括性激动、求偶、勃起、爬跨、交合、射精和性失效等连续的行为过程。它们是按一定顺序连续发生的系列性行为，因此又称为性行为链、性行为序列或性系列行为。公犬在性活动中的完整性行为链是顺利完成交配和人工采精的必要条件，如果性行为序列发生混乱或缺失，都可能造成公犬交配或采精失败。

## （一）性激动

是指公犬接触母犬时所产生的性兴奋或性冲动现象。公犬可以通过感觉器官将异性刺激转变为神经冲动，激发求偶交配欲望。

## （二）求偶

是指公犬向母犬做出某些特殊姿势和动作，以诱使母犬接受交配的性行为表现。公犬通常都有舔和嗅闻母犬的行为。

## （三）交配

包括勃起、爬跨、交合和锁结等几个连续发生而紧密结合的性行为。公犬在性激动和短促的求偶行为之后，很快发生阴茎部分勃起并迅速将前肢跨到母犬背上。如果母犬静立接受爬跨，公犬则将下颌部紧贴母犬背部，发动腹肌特别是腹直肌的突然收缩，使勃起的阴茎很快插入母犬阴道，完成交合过程。未进入发情期的母犬，往往抗拒和躲避公犬的爬跨。公犬在初次配种时，常常不能很快产生性兴奋，甚至逃避发情母犬的求偶行为，需要与母犬多次接触后才产生正常的交配行为。

### （四）射精

公犬将精液排放到母犬生殖道内的过程为射精。犬将精液射到子宫颈附近的阴道部位，称为阴道射精型。犬一般在1min内完成射精过程。

### （五）性失效

公母犬生殖器锁结打开后，结束交配，性欲消失。性失效的持续时间变化很大，个体间有很大差异。体质健壮而性欲强的公犬，可能在短时间后再度勃起而反复交配。公犬交配的频率因品种、个体、气候及性刺激的性质不同而有很大的差异。

## 三、引起性行为的机理

公犬性行为是通过感觉器官接受母犬及环境的刺激，在神经和内分泌系统对感官信息的整合作用下产生的。

### （一）感官刺激

公犬可以通过嗅觉、视觉、听觉和触觉感受外界的刺激而引起性行为的发生。

1. 嗅觉刺激

公犬和母犬对嗅觉的刺激都很敏感。它们可以向体外释放性外激素，通过对嗅觉的刺激诱使异性产生性行为。性外激素在母犬的发情期大量分泌，经空气等媒介散布，对异性具有强烈的性刺激作用。发情母犬的尿液气味，能吸引公犬并促使其产生性行为。

2. 视觉和听觉刺激

公犬可以通过视觉和听觉感受发情母犬外观、姿态和叫声的刺激，促进和加强公犬的性行为。例如训练有素的公犬，可以在假台畜的诱导下完成人工采精；公犬也会因丧失视觉而影响性行为，失去种用价值。

3. 触觉

交配过程中，阴道内适宜的温度、润滑度和压力有利于公犬的射精。在人工授精实践中，犬手握式采精法都是基于阴茎感受器的触觉刺激可诱导插入和射精的原理而设计的。

## （二）激素

雄激素是刺激公犬产生性行为的主要激素。它由睾丸间质细胞产生后，经血液到达中枢神经的特定部位，刺激性中枢而发挥作用。雄激素的分泌受下丘脑和垂体内分泌功能的正向调节，同时也可以通过 GnRH 和 ICSH 分泌的负反馈机制，以保持血中雄激素浓度的相对恒定。公犬常年都保持着较高的雄激素水平和性欲。

### （三）神经系统

神经系统对性行为活动具有最直接的作用，可以整合激素和感官刺激使其转化为性冲动。当血流中的 SDS 与中枢特定感受器结合时，可以将激素信号转变为性欲冲动，引起性腺以外的生殖器官发生反应。自主神经系统对勃起和射精起支配作用。脊髓荐骨节的副交感神经支配公犬的勃起行为；交感神经可以通过刺激平滑肌的收缩来控制射精行为。

## 四、影响性行为的因素

公犬性行为的表现形式和强度受很多因素的影响，主要包括以下几个方面。

### （一）遗传因素

不同品种和个体间的性行为表现形式或强度存在差异，这些差异表现在个体间交配行为的强度、频率、精力、体力以及性兴奋高峰期持续时间长短等方面。这是由个体的基因构成以及作用于该个体的环境因素决定的。公犬性行为表现得变化很大，不同个体的性欲水平高低不同。如果要提高公犬的性欲水平可注射雄激素等外源激素。

## （二）环境因素

季节和气候因素对公犬性行为有明显影响。严寒或酷暑季节，公犬性机能相对减弱或受到抑制；气候的突然变化也会暂时性抑制性行为。

## （三）生理状态

青壮年时期，公犬性功能处于活跃状态，性欲强烈，性行为表现明显；老年公犬则出现性功能减弱甚至性行为消失。在体弱多病、过度疲劳或严重营养不良的逆境生理状态下，公犬的性活动受到抑制。营养过度的肥胖公犬也易发生性机能减弱，甚至因自身体重负担过大而造成爬跨困难。

## （四）性抑制

性抑制是由于内、外因素造成的性反应缺陷。除前几种因素能引起性抑制外，通常多因错误或粗暴的管理手段所致，如交配或采精时的恐惧、痛感、干扰及过分的刺激等，对犬影响特别明显。

## （五）配种前的性刺激

在配种前通过感觉的性刺激对配种很有利。当公犬与母犬接触时，适当地牵制公犬的性行为，或让其进行几次徒劳的爬跨，能提高射精量、精子密度和活力，并能引起 LH 分泌高峰和提高睾酮浓度。在人工采精实践中，选择性情温顺和体型及毛色等最受公犬喜爱的发情母犬诱导，可以增强公犬性行为。

## 第二节

## 精子与精液

### 一、精子的发生

精子是公犬性腺产生出来的特殊细胞。公犬到了一定年龄，睾丸在垂体分泌的促性腺激素的作用下分泌雄激素，使精子在睾丸中发生。精子在发生过程中，形态结构发生改变，同时核酸、蛋白质、脂类和糖的代谢也随之变化。从睾丸释放出的精子需在附睾微环境、pH、渗透压、离子及大分子物质的作用下才逐步获得运动和授精能力。

#### （一）精子发生的功能性结构

##### 1.睾丸间质

精子的发生必须在睾丸间质等结构功能完备的基础上进行。睾丸间质组织中最重要的细胞是睾丸间质细胞，在下丘脑-脑垂体的调节下主要合成睾酮。除此之外，睾丸间质中还有免疫细胞、血管、淋巴管、神经、纤维组织和疏松连接组织。睾丸间质尚包含巨噬细胞和淋巴细胞等免疫细胞。巨噬细胞可能通过分泌某些细胞因子而影响睾丸间质细胞的功能，尤其是睾丸间质细胞的增殖、分化和类固醇合成过程。巨噬细胞分泌影响类固醇合成的刺激因子和抑制因子。

2. 曲细精管

精子生成于睾丸的曲细精管。曲细精管总共占睾丸总体积的 $60\% \sim 80\%$，它含有生精细胞及管周细胞和支持细胞。曲细精管被特殊的固有层包绕，其中包括胶原层构成的基底膜和管周细胞。支持细胞是位于生精上皮的壁细胞。该细胞位于管壁基底膜并延伸至曲细精管管腔。从广义而言，它可被认为是生精上皮的支持结构。支持细胞延伸到生精上皮的全层，沿着支持细胞胞体，精原细胞发育至成熟精子的所有形态、生理变化过程都在此发生。支持细胞影响精子发生的过程。另一方面，生精细胞可以调控支持细胞的功能。支持细胞可决定睾丸的最终体积和精子的生成数量。

3. 血睾屏障

在靠近基底膜一侧，支持细胞形成了特殊的膜性结构使细胞彼此之间相互连接，消除细胞间隙，构成了血睾屏障的存在。功能完备的血睾屏障依赖于支持细胞的发育成熟，并且在精子生成障碍时血睾屏障功能发生紊乱。血睾屏障可能具有两个重要的功能：隔离精子使其避免免疫系统的识别；提供减数分裂和精子发生的特殊环境。

4. 生精细胞

精子发生过程起始于生精干细胞的分化，终止于成熟的精子形成。不同的生精细胞在曲细精管中按照特殊的细胞联系排列，形成所谓的精子发生过程。

## （二）精子的发生过程

公犬出生时细精管还没有管腔，在细精管内只有性原细胞和未分化细胞。到一定年龄后，细精管逐渐形成管腔，围绕管腔的细精管上皮有性原细胞和未分化细胞变成的支持细胞。精子在睾丸的曲细精管生成，其上皮主要由两种细胞构成，即生精细胞和支持细胞。生精细胞的分裂和分化就是精子发生过程。犬在出生时曲细精管还没有管腔，只有性原细胞和未分化细胞，二者在胎儿期就已形成，精子发生始于性原细胞变成精原细胞。由精原细胞发生成精子，必须经过复杂的分裂和形成过程，全部精子发生过程可以被分为 3 个过程。

精原细胞位于生精上皮的基底部，分为 A、B 两种类型。A 型精原细胞进一步分为 Ad 型和 Ap 型精原细胞。在正常情况下，Ad 型精原细胞不发生任何有丝分裂，应该被视为精子发生的精原干细胞；Ap 型精原细胞则通常分化增殖为两个 B 型精原细胞。B 型精原细胞分裂增殖为初级精母细胞，随后，初级精母细胞开始DNA 合成过程。

精母细胞经历了减数分裂的不同阶段。粗线期时RNA 的合成十分活跃。减数分裂的结果产生单倍体生精细胞，又称精子细胞。在精子生发过程中，减数分裂是一个非常关键的过程，在这个阶段，遗传物质相互重组、遗传物质只复制一次，细胞连续分裂两次，最终形成染色体数目减少一半的精子细胞。次级精母细胞产生于第一次分裂后，含有双份单倍体染色体。在第二次分裂精母细胞演变为单倍体的精子细胞。第一次分裂前期大概持续1～3周，而除此之外的第一次分裂的其他阶段和第二次分裂在1～2d内完成。

第二次分裂后形成精子细胞，是没有分裂活性的圆形细胞。圆形的精子细胞经过复杂的显著变化转变为不同长度的精子细胞和精子。在第二次分裂中，细胞核发生的聚缩和塑性，同时鞭毛形成和胞浆明显扩张。全部精子细胞变形的过程称为精子形成。

## （三）精子发生调控

### 1. 分泌调控

睾丸的生精及合成雄激素两项功能都通过负反馈受到下丘脑和脑垂体的调节。

睾酮可以抑制 LH、FSH 的分泌。对于 FSH，抑制素 B 是更为重要的调节物质。LH 促进睾丸间质细胞合成睾酮，FSH 则控制支持细胞的调节精子生成作用。睾酮在睾丸间质中的作用对于精子发生过程也十分重要。

精子发生的初次生精过程一般在 FSH 和 LH 的影响下完成。但是高浓度的睾酮单一作用也可以诱导精子发生。在睾酮分泌型睾丸间质细胞瘤的肿瘤附近和LH受体激活性突变的患者体内，都可以见到完整的精子发生过程。非常关键的治疗就是试图在睾丸间质中聚集高浓度的睾酮。临床常用的办法是使用人绒毛膜促性腺激素（HCG），它具有较高的 LH 和 FSH 活性。激素在生精维持、生精再激活中同样有重要作用。大剂量睾酮通过负反馈机制抑制促性腺激素的分泌，并导致射精中的精子数量大量减少；即使使用FSH 后精子生成数量也只能达到正常数量的 30％。与之相似，使用 HCG 后也可以造成生精数量减少，其机制是由于 HCG 刺激产生的睾酮发挥了负反馈抑制，但是其抑制生精的作用不如单独使用睾酮的效果明显。而且，HCG 的生精抑制作用可以在使用 FSH 后完全恢复。HCG 和睾酮抑制生精的效果差异是由于在睾丸间质中睾酮的浓度更高。

使用抗体免疫中和 FSH 可以明显减少灵长类动物以及人类的精子发生。在抑制内生性促性腺激素分泌后，FSH 可以持续地维持生精过程。最近的证据发现在脑垂体切除的患者中，在缺少 LH、FSH 受体激活性突变的情况下，生精功能可以正常存在。尽管还不知道睾丸间质的睾酮浓度，但是这例患者提示 FSH 受体结构激活对于正常生精是十分必要的。推测睾酮的作用可能是激活 FSH 受体，使 FSH 与其结合后发挥作用。

2. 局部调控

睾丸的精子生成受到睾丸局部调节机制的影响。睾丸局部调控可分为旁分泌、自分泌和胞内分泌。旁分泌作用通常是指距离较远的细胞局部之间的相互作用和信号传递。但是相互作用还包括睾丸不同部分之间的相互作用。

睾丸产生的局部因子对于激素活性调节非常重要；局部因子可以被视为调节激素活性和细胞间信号传导的物质。具有生理功能的局部调节物质首先要具备以下条件：在睾丸内合成、在活体睾丸内发挥作用。具有睾丸局部调控作用的物质因子包括生长因子、免疫因子、鸦片样物质、催产素和抗利尿激素、曲细精管管周细胞调节物、肾素、血管紧张素、GHRH、CRH、GnRH、钙调蛋白、血浆铜蓝蛋白、转运蛋白、糖蛋白、血浆酶原激活物、强啡肽和PACAP等。研究发现这些睾丸功能调节物质处于一种过量储备状态，可以在这些物质缺乏时起到补偿作用。

睾酮在睾丸内既作为内分泌激素，又作为局部调节物质（通过旁分泌和自分泌）而存在，具有重要的作用。生长因子与细胞表面受体结合后通过特殊的信号传导通道而诱导细胞特异的分化过程。参与生精调节的主要生长因子包括转移生长因子（TGF-α和TGF-β）、抑制因子、活性因子、神经生长因子（NGF）、表皮生长因子（EGF）。与细胞表面受体结合并刺激细胞分化和增殖的细胞因子包括干扰素、肿瘤坏死因子（TNF）、白介素、白血病抑制因子（LIF）、干细胞因子（SCF）、巨噬细胞移动抑制因子（MIF）等。

3.激素调控

精子发生受垂体分泌的 LH、FSH 以及睾丸间质细胞分泌的睾酮调控。间质细胞位于各曲细精管之间的间质组织中，它们合成和分泌睾酮进入曲细精管，促进精子发生。睾酮的产生受垂体释放的 LH 的控制。垂体分泌的 FSH 则刺激支持细胞合成和分泌雄激素结合蛋白，它与睾酮亲和能力很强，以保持睾酮在曲细精管中的浓度，维持它对精子发生的作用。此外 FSH 还能直接启动精原细胞分裂和激发早期生殖细胞的发育。

4.基因调控

精子发生期间染色质浓缩，使 DNA 不能够转录，这种情况在精子完全形成之前完成。各种动物在精子形成中转录停止的时刻不完全相同。例如在果蝇，RNA 合成在初级精母细胞期间停止，而在小鼠，在成熟分裂后不久的精子细胞中还在进行，要在细胞核开始伸长时才完全停止。

## 二、精子的形态和结构

犬的精子是一种高度分化的细胞，其形态和结构基本相似，是具有活动性、含有遗传物质的雄性细胞。在精子表面有脂蛋白性质的薄膜，在光学显微镜下，可分为头尾两部分，头部和尾部的连接处叫颈部（图 4-1）。犬的精子长度为 $55\sim65\mu m$，尾部约占全长的 $80\%$。

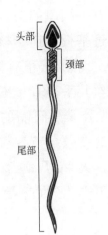

头部：
DNA(遗传物质)
顶体(受精能力)
质膜(保护细胞和精子存活)

颈部：
线粒体(为精子供能)
质膜(保护细胞和精子存活)

尾部：
质膜(保护细胞和精子存活)
运动性(穿过生殖道，进入卵子)

图 4-1　犬的精子结构示意图

## （一）头部

犬的精子头部呈梨形，主要由细胞核和顶体组成。成熟精子的细胞核含有高度致密的染色质，在光学显微镜和电子显微镜下都难以区分其结构。核的前端有顶体，是由双层膜组成的帽状结构覆盖在核的前 2/3 部分，靠近质膜的一层称为顶体外膜，靠近核的一层称为顶体内膜。在顶体和核之间的空腔称为顶体下腔，内含肌动蛋白。肌动蛋白聚合形成顶体突起或顶体丝，使精子能附着于卵的质膜上，导致精卵融合——受精。

## （二）颈部

此部最短。它前接头部的后端，后接尾部。在前端有基板，呈圆柱状。由致密物质组成，刚好陷于核后端称为植入窝的凹陷之中。基板之后有一稍厚的头板，两者之间有透明区，其中的细纤维通过基板接连于核后端的核膜。在头板之后为近端中心粒，它虽然稍有倾斜，但与其后的远端中心粒所形成的轴丝几乎垂直。围着这些结构有9条由纵形纤维组成的显示深浅间隔的分节柱，线粒体分布在分节柱的外围。这9条分节柱与其后的9条粗纤维的头端紧密相连。犬精子颈部长约0.5μm，脆弱易断，精子畸形中最常见的就是颈部断开。

## （三）尾部

精子尾部是精子的运动和代谢器官，是精子的最长部分，分为中段、主段和末段三个部分。尾部主要结构是贯穿于中央的轴丝，中段细长，轮廓直而规则，与头纵轴成一直线；主段最长，由四周及外面的筒状纤维鞘组成；末段纤维鞘逐渐变细消失。

## 三、精子的特性

精液中的主要成分是水，内含少量蛋白质、脂肪和糖类；精浆中的前列腺液含有卵磷脂小体、无机盐、酶类、乳酸及果糖等；精液中含有无机盐，其中含量较多的有钙、镁、钾、锌等；酶类中主要是碱性磷酸酶、乳酸脱氢酶和透明质酸酶等，均与精子的活力有关。

精子由睾丸产生，在附睾内发育成熟，再经过输精管、射精管后由尿道排出。在排精的过程中，前列腺分泌物也加入其中，构成精液。

## （一）精液的化学成分

精液是精子和副性腺液体的混合物，其化学成分是精子和精清化学成分的总和。各种家畜精液中化学成分基本相似，但化学成分的种类或数量略有差异。

1. 核酸（DNA）

DNA主要存在于精子头部的核内，精子头部中的DNA是公犬遗传信息的携带者。

2. 蛋白质

精液中的蛋白质，包括核蛋白质、顶体复合蛋白质、尾部收缩性蛋白质及精清中的蛋白质。

3. 酶类

在精液中有多种酶，大部分来自副性腺，少量由精子渗出，这些酶与精子的活动、代谢及受精有密切的关系。

4. 氨基酸

在精液中有10多种游离氨基酸。精液中的氨基酸，影响精子的生存时间。精子在有氧代谢时能利用精清中的氨基酸作为基质合成蛋白质。

5. 脂类

精清中的脂类物质主要是磷脂，如磷脂酰胆碱、乙胺醇等，其中卵磷脂对于延长精子寿命和抗低温打击有一定的作用，在精清中的磷脂多以甘油磷酰胆碱（glyceryl phosphoryl choline，GPC）的形式存在。GPC主要来自附睾的分泌物，不能被精子直接利用，在母犬生殖道内有一种酶能将其分解为磷酸甘油，成为精子可利用的能源物质。

6.糖类

大多数哺乳动物精清中都含有糖类物质，主要有果糖、山梨醇和肌醇等。山梨醇可氧化为果糖被精子利用。肌醇在猪精液中含量很高，虽然不能被精子利用，但是可以用于维持渗透压。

7.有机酸类

哺乳动物精液中含有多种有机酸及有关物质。主要有柠檬酸、抗坏血酸、乳酸。此外，还有少量的甲酸、草酸、苹果酸、琥珀酸等。精液中还含有PG，是一种不饱和脂肪酸，在雌性生殖道内有刺激子宫肌收缩的作用。

8.无机离子

在精液中的无机离子主要有 $Na^+$、$K^+$、$Mg^{2+}$、$Ca^{2+}$、$Cl^-$ 等，对维持渗透压起重要作用。

9.维生素

精液中维生素常见的有核黄素、抗坏血酸、泛酸和烟酸等。

## （二）精液的理化性质

精液的外观、气味、精液量、精子密度、渗透压及

pH 值等为精液的一般理化性质。

1.外观

精液的外观因个体、饲料的性质等而有差异，一般为不透明的乳白色，精子密度大的浑浊度高、黏度及白色度强。犬为分段射精动物，第二段精液富含精子，为乳白色，第一段和第三段为清亮的液体，含精子数少。犬采精时主要收集第二段精液。

2.气味

精液通常略带腥味，若有其他异味，说明精液已变质，可能是生殖器官炎症、精液存放时间太长，其中的蛋白质等有机成分变性。

3.精液量

不同品种犬射精量有差异，同一品种或同一个体也因遗传、营养、气候、采精频率等而有差异。

4.精子密度

精子密度又称精子浓度，是指每毫升精液中所含精子数。

5.pH 值

附睾内的精子处于弱酸性环境，运动和代谢受到抑制，处于一种休眠状态。射精后，受副性腺分泌物的影响，精液 pH 值接近于 7.0。采出的精液可能会受到所处的环境温度、精子密度、代谢等因素的影响，常常造成 pH 值不同程度的降低。当精液被微生物感染或精子大量死亡时，由于精子自身的分解，氨含量增高，会使

pH 值上升。

### 6.渗透压

精液的渗透压以冰点下降度（Δ）表示，它的正常范围为$-0.65\sim-0.55℃$。渗透压也可以用渗透压克分子浓度（osmolarity，Osm）表示，1L 水中含有 1Osm溶质的溶液能使水的冰点下降 1.86℃，如果精液的冰点度下降为$-0.61℃$，则它所含溶质总浓度为 0.61/1.86＝0.328Osm，亦可用 328mOsm 表示。精液渗透压的种间差较小，而且精清和精液的渗透压是一致的，约为 324mOsm。在精液稀释时，稀释液配制应该考虑到渗透压的要求。

### 7.相对密度

精液的相对密度与精液中的精子密度密切相关，精子密度大，相对密度大，精子密度小，相对密度小。由于成熟精子的相对密度高于精清，精液的相对密度一般都大于 1；未完全成熟的精子，因细胞核内和细胞质含有较多水分，相对密度较小，因此，精液中未成熟精子的比例过高，也会使精液的相对密度降低。

### 8.黏度

精液的黏度与精子密度及精清中所含黏蛋白唾液酸的量有关，黏度以蒸馏水在 20℃作为一个单位标准，以厘泊（cP，$1cP＝10^{-3}Pa\cdot s$）表示。精清的黏度大于精子，含胶状物多的精液其黏度相应增大。

### 9.导电性

精液的导电性是精液中盐类或离子造成的，离子含量越高，导电性越强，因而可以通过测定精液的导电性估计精液中电解质的含量及其性质。精液的导电性以 25℃ 条件下测得精液的电阻值表示，单位为欧姆（$\Omega$）$\times 10^{-4}$。

10. 光学特性

精液中含有精子和各种化学物质，对光线的吸收和透过性不同，精子密度大，透光性就弱，精子密度小，透光性就强。可以利用精液的这一特性，采用分光光度计进行光电比色测定精子密度。

# 第五章

## 母犬的生殖生理

## 第一节

# 母犬性机能发育

母犬性机能发育过程一般分为初情期、性成熟期、适配年龄及繁殖能力停止期。各期的确切年龄因犬品种、饲养、管理及自然环境条件不同而异，同一品种，也因个体生长发育及健康情况不同而有差异。

## 一、初情期

母犬从出生到第一次出现发情表现并排卵的时期，称为初情期。初情期年龄愈小，表明性发育愈早。

母犬的生殖道和卵巢在初情期前增长缓慢，随着年龄的增长而逐渐增大，当达到一定年龄时，出现第一次发情和排卵，即达到初情期。在这时期以前，卵巢上虽有卵泡生长，但后来退化而消失，新的生长卵泡又再出现，最后又再退化，如此反复进行，直到初情期，卵泡才能发育成熟直至排卵。

母犬初情期一般在 10 月龄左右，但是因品种、气候、营养、管理等因素的影响而略有差异。一般来说，小型犬初情期比大型犬要早；南方地区比北方地区的犬初情期要早；营养水平高的初情期比营养水平低的早。

## 二、性成熟期

母犬在初情期后，一旦生殖器官发育成熟、发情和排卵正常并具有正常的生殖能力，则称为性成熟。犬从出生至性成熟的年龄，称为性成熟期。性成熟期与初情期有类似的发育规律，即不同品种以及饲养水平、出生季节、气候条件等因素都对性成熟期有影响。通常情况下，小型犬在10～12月龄性成熟，大型犬在12～18月龄性成熟。

## 三、适配年龄

母犬在性成熟期配种虽能受胎，但此时的身体尚未完全发育成熟，势必影响胎儿的生长发育，所以一般选择在性成熟后一定时期才开始配种。适配年龄又称配种适龄，是指适宜配种的年龄。除上述影响初情期和性成熟期的因素外，适配年龄的确定还应根据个体生长发育情况和使用目的而定，一般比性成熟期晚一些，在开始配种时的体重应为其成年体重的70%左右。通常母犬第2次发情时达到了适配年龄。

## 四、繁殖能力停止期

母犬的繁殖能力有一定的年限，老年犬繁殖能力消失或终止。犬从出生至繁殖能力消失的时期，称为繁殖能力停止期。该期的长短与犬的品种、饲养管理水平以及犬本身的健康状况等因素有关。当母犬年龄超过7岁时，受胎率、产仔数显著下降，随着年龄的继续增长，绝大部分母犬停止排卵。通常母犬繁殖能力停止期大约为9岁左右。

## 第二节

## 发情与排卵

### 一、卵子的发生和形态结构

#### （一）卵子的发生

由卵原细胞分化成为成熟卵子的过程称为卵子发生，其要经历增殖期、生长期和成熟期。从胚胎发生早期开始，经过胚胎期、出生，直至性成熟。具体过程包括原始生殖细胞形成卵原细胞，卵原细胞经增殖形成初级卵母细胞，再经过成熟分裂（减数分裂）生长发育成为次级卵母细胞（未受精卵），受精时被精子穿入而激活，最终完成减数分裂全过程。

## 1. 卵原细胞的增殖

在胚胎期性别分化后，雌性胎儿的原始生殖细胞便分化为卵原细胞。卵原细胞进入增殖期，通过多次有丝分裂的方式增殖成大量卵原细胞。卵原细胞经过最后一次有丝分裂，发育为初级卵母细胞并进入成熟分裂前期，而后被卵泡细胞包围形成原始卵泡，并由它们形成生长或静止的初级卵泡库。原始卵泡不断离开非生长库变成初级卵泡，此时包围卵母细胞的前颗粒细胞已分化为单层立方状颗粒细胞。此后，卵泡进入生长和发育阶段，而卵母细胞也一直在卵泡内生长发育，直至成熟。

## 2. 卵母细胞的生长

初级卵母细胞进入生长期，体积不断增大，细胞质不断增加，并开始积存卵黄物质，初级卵母细胞阶段的主要特点：卵黄颗粒增多，使卵母细胞的体积增大；出现透明带；卵母细胞周围的卵泡细胞通过有丝分裂而增殖，由扁平单层变为立方多层；初级卵母细胞形成后，一直到初情期到来之前，卵母细胞的生长发育处于停滞状态，称为静止期或称核网期。卵母细胞的生长发育停滞现象一直维持到排卵前才结束，随之第一次成熟分裂（减数分裂）开始，称为复始。卵母细胞的营养由卵泡细胞提供。

## 3. 卵母细胞成熟

此期，绝大多数哺乳动物的初级卵母细胞进行两次成熟分裂。经两次成熟分裂产生的卵母细胞的染色体只有初级卵母细胞的一半，所以成熟分裂又称减数分裂。初级卵母细胞第一次成熟分裂后，产生大小不等的两个细胞；大的称为次级卵母细胞，小的称为第一极体。第一次成熟分裂分为前期、中期和末期，前期分为细线期、偶线期、粗线期、双线期及终变期，在此阶段染色体发生变化，并产生大量的核质，形如球状，此期的细胞核称为生发泡。当初级卵母细胞进行第一次成熟分裂时，卵母细胞的核向卵黄膜方向移动，核仁和核膜消失，染色体聚集呈致密状态，然后中心体分裂为两个中心小粒，并在其周围出现星体，这些星体分开，并在期间形成一个纺锤体，成对的染色体游离在细胞质中，并排列在纺锤体的赤道板上；在第一次成熟分裂的末期，纺锤体旋转，有一半的染色质及少量的细胞质排出，称为第一极体，而含有大部分细胞质的卵母细胞则称为次级卵母细胞，其中所含的染色体数仅为初级卵母细胞的一半，变为单倍体；第二次成熟分裂后，形成一个大的卵母细胞和一个小的第二极体。初级卵母细胞经两次减数分裂，只产生一个卵母细胞。第二次成熟分裂是在精子穿入的短时间内完成的，并终止于第二次减数分裂中期，在与精子受精过程中借助精子的刺激完成的。此时期的卵子和精子一样，各含有单倍染色体，只有受精的合子才恢复双倍体。

犬卵母细胞成熟的生理特性比较特殊，犬卵母细胞早期发育的许多超微结构变化与其他哺乳动物卵母细胞相同，但犬卵母细胞卵黄内含有大量脂类，使卵母细胞在镜下呈现黑色。卵泡生长时犬卵母细胞开始合成脂类物质，这也是卵母细胞开始成熟的标志。

## （二）卵子形态结构

### 1.卵子的形态和大小

哺乳动物的卵子为圆球形。凡是椭圆、扁圆、有大型极体或卵黄内有大空泡的，特别大或特别小的卵子均为畸形卵子。

卵子含有大量的细胞质，细胞质中含有卵黄，所以卵子比一般细胞大得多。高等哺乳动物仅在胚胎发育的早期依赖卵中的卵黄作为营养，所以卵黄的含量很少。不含透明带的卵子直径大约为 $70 \sim 140 \mu m$。

### 2.卵子的结构

卵子的主要结构包括放射冠、透明带、卵黄膜及卵黄等部分。

（1）放射冠　紧贴卵母细胞透明带的一层卵丘细胞呈放射状排列，称为放射冠。放射冠细胞的原生质形成突起伸进透明带，与卵母细胞本身的微绒毛相交织。排卵后数小时，输卵管黏膜分泌纤维分解酶使放射冠细胞剥落，引起卵子裸露。猪、兔比牛、绵羊的卵子发生得较慢。马在排卵时卵子周围没有放射冠细胞，但有一层不整齐的胶状物包着，这层胶状物约在排卵 2d 内便被分离掉。

（2）透明带　透明带是一均质而明显的半透膜。一般认为它是由卵泡细胞和卵母细胞形成的细胞间质。在电镜下观察可见卵母细胞的微绒毛和放射冠细胞的突起伸入透明带，特别是后者，有一部分可贯穿整个透明带，以供给卵母细胞营养物质。随着卵母细胞的成熟，透明带内的小突起退化，排卵后微绒毛缩回，卵母细胞和卵丘细胞分离。

（3）卵黄膜　卵黄膜是卵母细胞的皮质分化物，它具有与体细胞的原生质膜基本上相同的结构和性质。卵黄膜上有微绒毛，它在排卵后减少或消失。透明带和卵黄膜是卵子明显的两层被膜，它们具有保护卵子完成正常的受精过程、使卵子有选择性地吸收无机离子和代谢产物、对精子具有选择作用等功能。

（4）卵黄　位于卵黄膜内部的结构，外被卵黄膜，其中包括线粒体、高尔基体、核蛋白体、多核糖体、脂肪滴、糖原和卵核等成分。卵核由核膜、核糖核酸等组成。卵黄的主要作用是为卵子和早期胚胎发育提供营养物质。排卵时的卵母细胞，卵黄占据透明带以内的大部分容积，而受精后卵黄收缩，并在卵黄与透明带之间形成间隙，称为"卵黄周隙"，以供极体贮存。

## 二、卵泡的发育与排卵

### （一）犬卵泡发育

犬是非季节性、单次发情、自发性多排卵动物，一年只排卵1～2次，间隔时间为5～10个月。犬卵泡

发育历时 170d，乏情期时卵泡已经开始生长。原始卵
泡在仔犬出生后 17～54d 形成，在犬的卵巢中大约有
10 万个原始卵泡，从仔犬出生后 120～160d，依次可
以观察到初级生长卵泡、次级生长卵泡和直径为
155～333μm 的有腔卵泡。直径大于 2mm 的有腔卵泡
在犬生长到 6 月龄前后出现。原始卵泡和初级生长卵
泡大小相差不大，但是由于卵泡颗粒细胞的分化和增
殖，卵母细胞透明带的生长以及卵泡液的积累等原
因，次级生长卵泡和三级卵泡会显著增大。LH 峰会
使晚期有腔卵泡迅速扩大到 4～8mm，形成排卵前的
成熟卵泡。犬大部分卵泡在到达排卵前阶段都会闭
锁。次级生长卵泡有两种退化模式，一种是由卵母细
胞和透明带的坏死变化所导致，另一种与颗粒细胞坏
死有关。卵母细胞染色体凝聚以及核膜变皱是生长卵
泡发生闭锁的标志。

　　卵泡是哺乳动物卵巢结构和功能的基本单位，卵母
细胞在卵泡中发育成熟。犬卵泡发育历时 170d（由原
始卵泡到排卵），卵泡最后增长开始于排卵前 60～
100d，即乏情期卵泡已开始增长。在发情开始时，卵
泡直径为 1～1.5mm，在 LH 峰值时达到 2～6.5mm
（平均 3.5mm），36～50h 后排卵，卵泡直径为 6～
8mm。犬卵泡颗粒细胞（GC）出现 LH 受体的时间比
其他哺乳动物早。通常哺乳动物卵泡直径达到排卵前
1/2 时才有 LH 受体的表达，而犬卵泡直径达到
0.8mm，即排卵卵泡直径的 1/4 时就可检测到 LH 结

合位点。

犬卵泡黄体化不是发生在排卵后，在排卵前 LH 峰出现时，颗粒细胞已转化成大小黄体细胞。在发情早期（排卵前 36～50h）血清中，孕酮浓度为 2ng/mL，排卵时达到 6ng/mL（图 5-1）。犬多卵卵泡发生比例较高，1～2 岁的母犬多卵卵泡的发生比例高达 14％，7～11 岁的母犬中多卵卵泡的发生比例还维持在 5％。由于从输卵管中冲出的卵母细胞数量大于卵巢表面黄体的数量，推测多卵卵泡可以排卵。尽管多卵卵泡可以排出多个卵母细胞，这些卵母细胞是否具有成熟、受精的能力还未被证实。通过对多个多卵卵泡卵丘卵母细胞复合体（COC）的形态及卵丘扩展现象评估，证实每个多卵卵泡中包含一个高质量的卵母细胞。

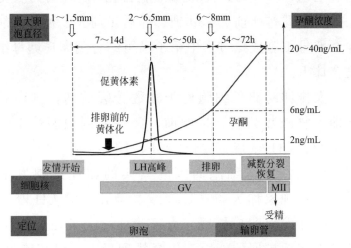

图 5-1　母犬卵泡最后增长和减数分裂恢复

（改编自 S Chastant-Maillard，et al，2011）

## （二）犬的排卵

排卵是指卵子从成熟的卵泡中排入输卵管中的过程。排卵后，犬卵母细胞外仍包裹卵丘细胞，卵母细胞在输卵管内停留较长时间，在此期间几乎不发生卵丘扩展，即使受精后放射冠仍然贴附在卵母细胞表面。在犬、狐狸及其他犬科动物发生排卵时，卵母细胞处在第1次减数分裂前期，第一极体还未排出时已排卵，因此犬卵母细胞离开卵泡后存活时间较长。排卵后2～3d卵母细胞成熟。犬科动物卵母细胞卵泡外成熟时间，即在输卵管内存活的时间，有种属特异性。犬卵母细胞在输卵管内长时间存活，经历成熟、受精、受精卵发育至胚泡期，因此至少在输卵管内滞留8.5～9d，而不是其他哺乳动物的3～4d。犬卵母细胞排出4d后仍具有受精能力，因此排卵前2～3d到排卵后1周犬配种都可能受孕，卵母细胞成熟过程中精子已可结合到卵丘卵母细胞复合体上。

犬排卵时卵母细胞处于减数分裂前期，排卵后不立即恢复减数分裂。排卵前，经一系列内源性LH峰的刺激，LH峰持续24～72h，LH峰后36～50h排卵。围绕在卵母细胞周围的紧实的卵丘细胞发生扩展，这种现象称为卵丘扩展或黏液化。犬LH峰后很短时间即发生卵丘扩展，直径为4～4.5mm的卵泡具备发生卵丘扩展的能力，但是排卵后2～3d仍有2～3层颗粒细胞紧紧包裹卵母细胞不发生扩展。这说明颗粒细胞在犬卵母细胞减数分裂恢复过程中可能起重要作用。犬排卵时，卵母细胞连同 2～3ml 卵泡液排出卵泡，进入输卵管伞。排卵后 44h，卵母细胞位于输卵管中部，仍处于前期。排卵后 48h，卵母细胞恢复减数分裂，此时可观察到 MI 期的卵母细胞，成熟的卵母细胞出现在排卵后 48～54h。此阶段，卵母细胞具有受精能力，未成熟的卵母细胞在犬体内也具有受精能力，但比例很低。在排卵后 92～127h 可观察到一些退化的 MII 期卵母细胞。在排卵后 7d，一些卵母细胞被证明仍具有受精能力。排卵后的第 9d，受精能力丧失（Chastant 等，2011）。

## 三、黄体的形成与退化

成熟卵泡排卵后，残留的卵泡壁塌陷，卵泡膜的结缔组织、毛细血管等伸入到颗粒层，在垂体分泌的 LH 作用下演变成体积较大、富含毛细血管并具有内分泌功能的细胞团，新鲜时显黄色，称黄体。犬黄体具有异于其他家畜的生理结构和功能表现，其中最特别的是犬缺乏急性黄体溶解机制。犬黄体发生过程受催乳素、促黄体素和 $PGE_2$ 的复杂调控。而黄体的存留对母犬的生殖活动却具有重要的意义，其自分泌或旁分泌的类固醇激素也在妊娠调控和发情周期的更迭中发挥重要作用。犬黄体的退化机制尚未明确，但国外已有包括被动退化在内的诸多假说。此外，黄体是为数不多具有完整生命周期的功能性组织或器官，其发生过程、功能实现和衰老溶解都在周而复始地进行，这对炎症反应、癌症发生和细胞凋亡等研究都具有重要的参考价值（宋子域等，2017）。

在大多数家畜当中，黄体是卵巢排卵后的卵泡所形成的，主要由颗粒细胞和泡膜细胞分别转化为大黄体细胞和小黄体细胞。现有研究发现黄体在其激素分泌功能成熟后，其内部的组织结构和细胞类型并不是处于相对静止的状态，而是快速地进行细胞更新和组织重建（Dvid E，2009）。近年来，随着兽医产科学与动物科学的发展，犬黄体特殊的生理结构和功能表现逐渐受到关注，如犬黄体不具有大、小黄体细胞之分；不受子宫源性溶黄体素 $PGF_{2\alpha}$ 作用而缺乏急性黄体溶解机制；以及黄体发生与退化过程的分子机制。

早在 16 世纪，意大利解剖学家 Marcello 和荷兰生物学家 Regnier 就先后命名和描述了黄体，两个世纪后，其他科学家又对黄体在妊娠期的调控作用进行了阐述，并定义黄体为内分泌腺体。但直到 20 世纪人们发现孕酮以后，才意识到犬黄体的生理功能特征与其他家畜不同。虽然犬黄体也是一个临时性的内分泌结构，但在排卵之前，犬的卵泡就已经具有黄体化的早期征象（血清孕酮值开始升高），即发生阶段就表现出犬黄体的功能自主性（相比其他家畜，犬的黄体多由卵巢自身组织进行旁分泌或自分泌调节黄体周期）。虽然不同动物的黄体期持续时间有所不同，但未妊娠犬的黄体持续时间（有时也称假孕期）甚至比妊娠犬孕期的黄体持续时间还长。未妊娠犬延长的黄体期持续时间也提示犬的黄体退化机制与其他动物有所不同。Kowalewski 等（2014）近期的研究也证实了这一假说，认为犬黄体通过自身的内分泌调控其整体的周期和相应的阶段性变化，进行子宫摘除术的未妊娠母犬的黄体仍旧可维持很长一段时间，黄体的周期变化并不因此而改变，即在牛等家畜体内由子宫内膜分泌溶黄体素而促进黄体溶解的过程并不适用于犬。

国内外现有的研究习惯将黄体的整个生理周期分为发生、维持和退化 3 部分（妊娠动物黄体还细化为孕期的维持和产前的溶解），但因犬黄体周期的特殊性，维持和退化阶段时间长达 65d，且黄体组织和细胞并不是静态的，而是在此过程中发生了巨大的重建和替换。宋子域等（2017）研究总结 Kowalewski（2014）的组织学试验结果，将犬的黄体划分为 4 个阶段。

第 1 阶段：黄体前期（即排卵 5d 前后，细胞增殖期），此时正进行黄体细胞大量增殖和血管生成活动。虽然犬在排卵前已有部分黄体细胞生成，但该阶段的起点界定却未选在犬排卵前孕酮水平变化时，而选择了黄体细胞大量增殖的排卵 5d 左右，因为与此同时还进行着新血管的生成活动，标志着一个新的内分泌腺体的发生过程，而非简单的在原有的组织上进行细胞分化和重建的过程。

第 2 阶段：黄体中期（即排卵 25d 前后，激素生成期），此阶段主要进行以孕酮为主的类固醇激素的合成活动，旺盛的类固醇合成过程也在该阶段达到速率的峰值，故称为激素生成期。

第 3 阶段：黄体后期（即排卵 45d 前后，脂肪变性期），黄体细胞在大量合成类固醇激素后，多已完成其生理学功能，随即发生脂肪变性，进而凋亡，同时为保证黄体溶解后卵巢的结构和组织完整性，结缔组织和胶原蛋白的生成开始增多，准备接替黄体"由盛而衰"的演变。

第 4 阶段：黄体末期（即排卵 65d 前后，黄体溶解期），处于最后一个阶段的黄体细胞，其形态已发生明显的改变，染色质的凝聚更进一步提示黄体细胞走向终末，结缔组织和胶原蛋白的沉积也更进一步填充了退化直至完全溶解消失的黄体。

在犬黄体发生阶段的组织切片中可见大量血管外的红细胞及随时间推移逐渐缩小的细胞间隙和增大的细胞密度，也提示细胞增殖和血管生成过程的发生。虽然犬黄体也是由颗粒细胞和泡膜细胞转化而来，但在形态和结构学研究中，仍然只发现了一种类固醇生成细胞，所以犬无大、小黄体细胞之分，但颗粒细胞和泡膜细胞对于黄体生成的具体作用还未知，可能有不同的功能分配。有研究指出犬排卵前的黄体化表现可能与颗粒细胞更相关（Kowalewski 等，2009）。

Kowalewski 等通过对犬黄体组织切片的观察，将犬黄体的退化过程确定于排卵后 45d 左右，此时细胞间隙开始增大，视野下的细胞密度下降，黄体细胞开始出现脂肪变性（可在胞质内观察到大脂滴）；此外，纤维蛋白的沉积和结缔组织在黄体结构中的比重增大也提示黄体开始发生结构的退化，整个退化过程约 20d。在排卵后 65d（黄体末期）对犬黄体组织切片进行观察时，细胞形态和大小均出现明显差异，胞质内除了脂质空泡外还可见大的液泡结构，细胞染色质开始凝集，提示细胞已从脂肪变性向凋亡过程进行转变，纤维蛋白和结缔组织也进一步增加。

黄体的发生与退化过程对母犬的生殖调控具有重要的作用和意义。相比其他哺乳动物而言，犬黄体的特殊生理结构和生理功能的表现也是经过漫长的进化而来，无论是超前的高度进化还是对基础性功能保留的演化，对其细致而准确的研究都是揭开动物进化过程中生殖系统变化的重要参考资料，也是兽医产科学指导犬繁育等临床工作的重要依据。此外，黄体是动物体内为数不多的周期性发生和退化的内分泌结构，在了解其功能调控机制的背景下进一步深化研究其分子机制，对动物体的组织修复和再生、心血管系统疾病、炎性反应和恶性肿瘤发生过程的研究都有重大的参考价值。随着犬黄体调控机制研究的不断深入，未来人工干预调控犬的繁殖将不再成为瓶颈技术，从而不仅为兽医学科，更是为人类医学的研究提供更多的试验动物研究数据和参考资料（宋子域等，2017）。

### 四、发情周期及发情期

母犬初情期的启动主要受丘脑下部的促性腺激素释放激素的影响。正常情况下，母犬在 6～12 月龄时进入初情期，小型犬比大型犬早些。发情周期内，在神经、激素作用下母性行为和生殖器官都发生一系列复杂的变化。根据这些变化，发情周期一般分为 4 个阶段，即发情前期、发情期、发情后期、乏情期。

发情前期（持续 5～20d，平均 9d），从出现阴门水肿和淡红色阴道分泌物征兆开始到接受交配结束。多数母犬表现困倦，初情犬甚至拒食，其主要行为变化特征为好动、兴奋、服从性差、爬跨其它犬、做交配动作、饮水量增加、频繁排尿、引诱公犬、激发公犬的交配欲望。但此期母犬不愿公犬接近，甚至对公犬有攻击行为，持续几天后犬变得安静，被动地让公犬接近，甚至让公犬爬跨，但很少允许交配。

发情期（持续 5～15d，平均 9d），一般是指从接受公犬交配到拒绝交配的时期。此期母犬兴奋异常，敏感性增强，易激动，触摸犬的外阴部，母犬会抬高臀部及后躯，尾巴翘起偏向一侧，主动挑逗公犬，公犬接近时站立不动，阴户变软，阴门出血减少或停止，流出黏液的颜色变淡，成为清亮无色或淡黄色的液体。

发情后期（持续 45～70d，平均 60d），此期为从拒绝接受公犬交配到黄体退化。阴门肿胀消退，逐渐恢复正常，性情变得安静，不准公犬靠近。

乏情期（持续 80～240d，平均 150d），其生殖器官进入不活跃状态，经过几个月的间情期后进入下一个发情前期。

## 五、发情鉴定

是指用各种方法对母犬的发情及排卵情况进行的鉴定。人们对犬的发情鉴定进行了大量研究，但迄今为止，由于母犬相对独特的生殖生理特点，造成很难准确确定母犬的最佳配种时间。在临床实践中，仍未找到一种准确判定犬排卵时间的方法。犬的发情鉴定方法主要包括外部观察法及母犬行为法、口腔液镜检法、阴道细胞学检查法、生殖激素检测法、阴道黏液电阻测定法、剖腹手术法、B 型超声诊断法及其他的一些指示物法等。

### （一）外部观察法及母犬行为法

正常母犬在进入发情前期时，增加的雌二醇导致母犬外阴渐进性肿胀（水肿）变大，通常伴有血样的浆液性外阴分泌物，浆液性分泌物主要包括由子宫中渗出的完整的和溶解的红细胞浆液及血红蛋白。发情前期母犬阴道外阴部充血、肿胀，阴唇逐渐增大、变硬，进入发情期阴唇变软，到发情后期逐渐消退，直到乏情期外阴无肿胀；外阴流出的分泌物颜色在发情前期由暗红色逐渐变浅，进入发情期逐渐变为清亮、无色或淡黄色液体，直到发情后期、乏情期基本无分泌物流出。发情前期分泌物量先增多后减少，进入发情期继续减少，直到发情后期、乏情期基本无分泌物流出（图 5-2）。但在实践中也发现，不同年龄、不同体况的母犬外阴部肿胀及发情出血现象也存在差异，有些母犬外阴部在进入发情后肿胀程度变化不明显，有些年龄较大的母犬出血少且很快变淡，而青年母犬发情出血时间相对较长。

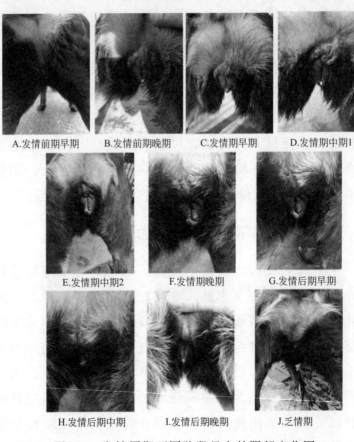

A.发情前期早期　　B.发情前期晚期　　C.发情期早期　　D.发情期中期1

E.发情期中期2　　F.发情期晚期　　G.发情后期早期

H.发情后期中期　　I.发情后期晚期　　J.乏情期

图 5-2　发情周期不同阶段母犬外阴部变化图

母犬的阴道出现血样分泌物时说明犬进入发情前期，此时犬表现烦躁不安、好动，饮水量增加，个别母犬相互爬跨，尾巴上翘摇摆，但回避公犬爬跨。在进入发情期前1～2d，母犬喜欢接近公犬，但仍不接受交配。在发情期，母犬接受公犬的爬跨，腰部凹陷，后躯抬高以露出会阴部，尾巴偏向一侧，阴门张开。在发情后期，排尿次数减少，回避公犬，严重抵触公犬的爬跨。母犬的阴唇横径从发情前期至发情期急剧增大，这种变化要早于阴道出血。阴唇增大的高峰发生在发情前期结束时，此时触诊，深部较硬，至发情期则变得柔软，在排卵前阴唇横径急剧缩小，配种时间可选择在外阴血性分泌物逐渐减少、阴唇缩小时。研究表明犬排卵发生在母犬接受交配后的24～48h。然而交配和排卵时间差距因个体差异变化很大，通常排卵前5d到排卵后3d母犬也都会接受交配。因此，依据母犬行为不能精确判断排卵时间。

## （二）口腔液镜检法

在雌激素的影响下，唾液中的蛋白质、氯化钠及水分的含量发生变化，唾液结晶随发情周期的变化而发生明显的规律性变化，可以作为确定母犬最佳配种时间的一种新的指示物。龚剑峰等研究发现，发情期唾液结晶的形状为典型羊齿状或松针状，主梗直而粗硬，分支密而长。具体方法：将发情母犬的口腔液置于载玻片上自然烘干，在显微镜下观察唾液结晶体的变化，当被检结果出现典型的羊齿状或松针状，主梗粗而硬，分支密而长时，为母犬最佳配种时间；但出现的羊齿状或松针状不典型，主梗有弯曲，分支少而短则为可配期，可能受孕，但产仔不多，可待 1～2d 后再镜检；若出现气泡状，则不能受孕。

## （三）阴道细胞学检查法

细胞学的变化反映机体潜在的内分泌活动的周期。Bouchard 等研究发现，角质化上皮细胞比例达到 80％时，LH 达到峰值。母犬发情周期中阴道上皮细胞的动态变化与激素变化是一致的。分析阴道上皮细胞的形态变化，是一种分析激素水平变化的简便方法。阴道上皮细胞涂片法比行为学方法能更准确预测最佳配种时间。

阴道细胞学的典型细胞有 6 种：副基底细胞，是阴道涂片中最小的上皮细胞，具有较高的核质比例，看起来像小的 O 形燕麦片；小的中间细胞和大的中间细胞，通常体积是副基底层细胞的 1～2 倍，近圆形、椭圆形或多边形突出的大核，看起来像煎蛋；角化细胞，是阴道细胞涂片中最大的细胞，分为完全角化细胞和不完全角化细胞，看起来像玉米片，不完全角化细胞与完全角化细胞的区别是是否存在细胞核，核质区域是否浓染变深（图 5-3）。阴道上皮细胞在母犬发情各个时期呈一定规律性的变化，在乏情期，阴道上皮细胞以中间和副基底细胞占主导，无或仅见少量表层上皮细胞，几乎没有中性粒细胞。在发情前期，阴道上皮细胞从发情前期的早期到后期将揭示一个从中间和副基底细胞到角质化细胞的渐进转变过程，通常有血红细胞大量出现，中性粒细胞一般也可见。在发情期，角质化细胞占绝大多数，阴道上皮细胞几乎完全是无核表层上皮细胞（图5-4）。发情后期开始是以角质化细胞的数量急剧下降、中间和副基底细胞的再现为特征，一天内细胞轮廓变化从100%角质化细胞到少于20%角质化细胞。当角质化上皮细胞占主导、无嗜中性白细胞、有核上皮细胞和红细胞也很少时，母犬进入发情期，开始排卵。此阶段母犬接受公犬爬跨，表明母犬已真正进入发情盛期，此时配种受胎率较高。研究发现，在角化程度较低时进行配种，受胎率和窝产仔数均降低，角化细胞率达到90%～100%时为最佳受孕时间。此外，李静等（2016）研究还发现由于犬个体的差异，不同犬发情期阴道涂片中角化细胞大于80%的维持时间各有不同，一般发情期犬角化细胞的维持时间在2～3d，部分犬维持时间很短仅有1d，极个别犬阴道涂片中角化细胞80%的时间可以持续一周。判断犬发情排卵准确时间的开始应以第一次观察到角化细胞达80%的1～2d内算起。此方法的优点是简单易行，缺点是需要经验性判断，准确度不高。

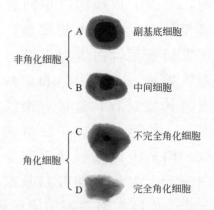

图 5-3　母犬阴道细胞学的主要典型细胞

（改编自 Autumn P. Davidson，2015）

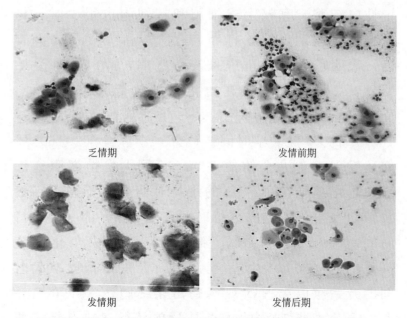

图 5-4　母犬发情周期不同阶段阴道上皮细胞染色图

（引自 East Central Veterinary Hospital）

### （四）生殖激素检测法

E$_2$ 在发情前期的早期持续升高，在大多数母犬体内由 5～10pg/ml 升高到最高值 45～120pg/ml，其峰值一般出现在 LH 峰值前的 1～3d，即在 LH 脉冲式波动出现前的 0.5～2d。然而，不同母犬的雌激素水平变化很大，与排卵相关性不是很大。LH 比 E$_2$ 峰值出现晚24h，P$_4$ 在 E$_2$ 达到峰值的时候浓度开始升高。

LH 是排卵的生物学触发器，LH 峰值是母犬发情周期的关键定时器，母犬雌激素水平的升高激发 LH 升高，排卵发生在 LH 峰值后的 2d。母犬卵巢刚排出的卵母细胞是不成熟的，不具有受精能力。2～3d 后在输卵管内完成减数分裂，成熟的卵子能存活 1～3d。LH 峰值算作第 0d，母犬的排卵高峰期在 LH 峰值后的 4～6d。但确定准确的 LH 峰值需要每天进行检测，而 LH 峰值可以使卵母细胞从分泌雌激素到分泌孕酮，LH 峰值可以通过测定血液孕酮水平进行预测。在发情前期，LH 峰值一般在 E$_2$ 峰值出现后 1～3d 出现，LH 浓度在达到最高值前的 12～24h 剧烈升高，在达到峰值后12～36h 下降到基础浓度，LH 在发情前期的脉冲式波动平均持续 1.5d（跨度大约为 24～60h）。由于密集的血液检测不仅浪费时间而且昂贵，因而，定量检测 LH 在实际应用中意义不大。

P$_4$ 对维持妊娠等各种生殖活动具有至关重要的作用。P$_4$ 开始时很低，在 LH 峰出现前，P$_4$ 浓度小于

0.5ng/ml。林嘉宝等研究发现，德国牧羊犬发情第9～14d，血清 $P_4$ 值基本都超过 10ng/ml，此时为母犬最佳受孕时间。初始的 $P_4$ 上升与 LH 峰值密切相关，可以作为预测最佳受孕时间的依据。血液孕酮检测是一种确定最佳受孕时间的准确方法，也是快速确定母犬处于发情周期哪个阶段的最好方法（图 5-5）。有许多宠物诊所以及人类实验室提供及时、有偿的孕酮定量分析。

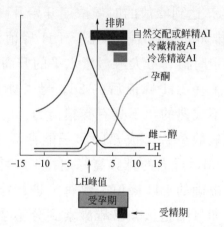

图 5-5　母犬发情周期主要生殖激素值变化图

（改编自 Payan-Carreira R，et al，2011）

## （五）阴道黏液电阻测定法

母犬在不同的发情阶段阴道黏膜的分泌处于动态变化中，阴道黏液的电阻随着分泌的干物质和离子浓度的变化而变化。乏情期时母犬子宫阴道分泌物以电解质成分为主，电阻较小，进入发情期，分泌物黏性升高，电解质浓度下降，黏液阻力升高。发情母犬从发情前期到发情排卵期的阴道黏液电阻变化呈现逐渐上升趋势，排卵后血液成分中的电解质浓度逐步升高，电阻恢复低水平。黏液电阻值达到峰值后 1～2d 配种受胎率较高。郭浩等对 36 头试验犬分组观察得出结论：阴道黏液电阻达到峰值后 1～2d 配种，受胎率可达到 94.44％，峰后 3～4d 配种受胎率为 13.33％，峰值及峰值前配种受胎率为 0。由此可见，黏液的电阻值和排卵时间相对应，电阻峰值可代表排卵时间。

## （六）剖腹手术法

剖腹手术是一种准确检测犬排卵的方法。可以打开腹腔观察卵巢表面卵泡发育情况，但此方法对犬体有伤害，需要麻醉，还有可能影响排卵。

## （七）B 型超声诊断法

B 型超声诊断技术亦可用于母犬的排卵鉴定，此方法已经作为一种确定排卵时间的重要辅助手段。B 超检测排卵具有经济、无创、直观性好、重复性强的优点。由于 B 超检测需要母犬积尿充盈膀胱，但是临床上犬不会大量积尿或者 B 超刺激后会马上排尿，给检测造成困难。阴道超声可以解决此问题，母犬无需充盈膀胱就能直接观察到卵泡生长、成熟及排卵的特征，成为监测卵泡发育的重要手段。在发情的第 8d 开始每天给母犬进行 B 超监测 1 次，直至卵泡破裂排卵为止。成熟的卵泡呈圆形或椭圆形，直径达 6～9mm，卵泡内呈无回声暗区，亮度好，境界清晰，80%的成熟卵泡可以见到卵丘结构，卵泡周围出现透声环。排卵后卵泡消失或体积缩小，内部呈现光点，1～2d完全消失。

## （八）其他指示物法

范泉水等研究发现，阴道分泌物中的葡萄糖含量是发情期的重要指示，并成功地研制了一种试纸，根据葡萄糖与碱性酒石酸铜作用形成氧化亚铜黄色沉淀，使试纸变黄，确定是否含有葡萄糖。将普通滤纸剪成0.5cm×0.4cm的纸条，在碱性酒石酸铜液中浸泡呈淡绿色时，捞出晾干或在37℃下烘干，装入小型塑料袋备用，使用时取1条试纸插入阴道内，放置1分钟取出观察试纸颜色的变化，若变为黄色为适配期。刘贺等研究发现，血液中NO的峰值与犬的排卵时间存在很大的关联性，可作为预测排卵时间的一种新方法。顾劲乔等采用气质联用方法检测母犬阴道分泌物中某些化合物的相对含量，发现在母犬发情前后有显著差异，预示其在犬发情鉴定方面具有潜在的研究价值。总之，上述这些指示物及方法能否准确确定母犬的排卵时间，尚需要进一步研究验证。

国外通常是把阴道细胞学检查、B超检查和孕酮检测方法结合起来确定母犬的排卵时间。目前，国内临床实践中通常根据母犬阴道出血时间、接受交配情况、阴道细胞学检查、阴唇的肿胀程度来进行发情鉴定。综上所述，迄今为止在临床实践中也尚未找到一种非常准确的判断母犬排卵时间的方法。但 B 超检查和孕酮检测在母犬发情鉴定的研究中是一种非常有潜力的研究方向，相信随着 B 超检查和孕酮检测技术的深入研究及发展，不久的将来 B 超检查和孕酮检测，可能会成为临床上准确可靠的确定母犬排卵时间的技术手段。

## 第三节

## 发情控制

发情控制是通过采用某些外源激素、药物或饲养管理措施，人工控制母犬个体或群体发情并排卵的技术。其包括诱导发情、同期发情和超数排卵等。

### 一、诱导发情

诱导发情是指在母犬乏情期内，借助外源激素（如促性腺激素等）或某些生理活性物质以及环境条件的刺激（改变），通过内分泌和神经的作用，激发卵巢的机能，使卵巢从相对静止状态转为活跃状态，促进卵泡的生长发育，继而母犬表现发情征状。

母犬的乏情期远长于其他家畜，目前已经有很多种方法用来诱导母犬发情。通过诱导发情可以有效地解决母犬长期不发情和不孕症。将诱导发情技术和日常饲养管理结合，可以有效解决错过最佳配种时间、受孕失败和需要在特定时间与公犬交配等繁殖问题；还可以在规定时期内提供同批次的犬源。

母犬的性周期启动主要受到"下丘脑-垂体-性腺轴"的调控及环境因素的影响。下丘脑分泌的 GnRH 作用于垂体，促其分泌 FSH 和 LH。FSH 和 LH 作用于卵巢，使卵巢上卵泡发育、成熟和排卵，在此过程中卵巢分泌雌激素和孕酮，这样周而复始，就形成了母犬的性周期。雌激素和孕酮的消长变化直接左右着母犬性活动的临床表现，反映着卵巢机能状态。它们之间相互促进、相互制约的正负反馈是一个复杂的生理过程。

目前在国内外应用于诱导母犬发情的外源性激素大致分为以下几类：GnRH、促性腺激素、促乳素抑制因子（PIF）、$E_2$、$PGF_{2a}$、多巴胺激动剂等。国外对激素类药物诱导犬发情的研究较早，从 1939 年开始以来，已经有超过 40 种激素类处理组方用于诱导犬的发情。

## （一）促性腺激素释放激素（GnRH）

当母犬卵巢上的卵泡发育到一定时期，对母犬使用 GnRH 才会有效，GnRH 并不能增加生长卵泡的数目，只能促使成熟的卵泡排卵（Ithaca 等）。GnRH 的脉冲释放和阈值对于卵泡的持续生长和发育具有重要的意义。因此应用 GnRH 及其类似物诱导发情时，必须要有连续滴注药或规律频繁给予或将其制作成缓释制剂进行皮下埋植。利用 GnRH 来诱导乏情母犬发情，其处理时间一定要超过 8d 才会出现效果。

## （二）孕马血清促性腺激素（PMSG）与人绒毛膜促性腺激素（HCG）

余道伦等试验表明，小剂量的 PMSG（150～300IU）单独使用时不能有效诱导发情母犬的发情排卵，大剂量（500IU）应用时虽可有效诱导发情排卵，但受胎率较低，因此单独应用 PMSG 的诱导发情效果尚需进一步研究。在生产中，经常把 HCG 与 PMSG 结合使用，比单独使用 PMSG 诱导发情的效果好得多。张玉西等研究，用相同剂量的 PMSG 和 HCG 联合处理母犬，发现经产母犬的发情率和受胎率显著优于未经产犬。

## （三）雌激素（$E_2$）

犬在发情前期开始前 15～30d，血清中 $E_2$ 水平会略有提高，在犬乏情期的后期至发情前期，下丘脑、垂体和卵巢中编码 $E_2$ 受体的 mRNA 水平会提高，表明 $E_2$ 可能参与下丘脑-垂体-性腺轴的调节，以促使 LH 脉冲释放频率的增加。孙兆增等使用己烯雌酚获得 50％ 的诱导发情率和 25％ 的受胎率，而且己烯雌酚剂量递增组诱导发情的效果明显好于隔天给药和恒定剂量给药组诱导发情的效果。使用 $E_2$ 进行犬诱导发情时，通常配合使用 FSH 或 PMSG 来促进卵泡发育，同时使用 HCG 或 LH 诱发排卵。

## （四）多巴胺受体激动剂

多巴胺受体激动剂诱导犬发情效果较好，发情率能达到80％以上，且受胎率较高。多巴胺受体激动剂是麦角碱的衍生物，可刺激多巴胺的释放，抑制 5-羟色胺的分泌，从而抑制促乳素的分泌。促乳素在犬的发情周期中发挥作用，可能是因为影响促性腺激素的释放或是卵巢对促性腺素的敏感性。犬自然发情周期中，促乳素水平在乏情期的后期到发情前期开始这一阶段并没有明显变化。VanHeaten 等（1988）采用每日口服两次 $250\mu g$ 的溴隐亭处理乏情期母犬，直到出现发情前期出血。6头被处理的母犬均在给药 40d 后出现阴道出血，血清检测孕酮水平正常，配种后 4 头正常产仔，1 头在妊娠期流产。该试验表明，应用溴隐亭诱导乏情期母犬发情效果好。Kooistra 等（1999）报道溴隐亭诱导犬发情与血清中 FSH 浓度增加有关，但 LH 并没有出现相应的提高。多巴胺受体激动剂可使基础血清中 FSH 水平升高，这种变化与乏情期后期 FSH 生理变化相似。目前常用的多巴胺受体激动剂主要是溴麦角隐亭、甲麦角林和卡麦角林诱。多巴胺受体激动剂最常见的副作用就是引起犬呕吐，主要发生在溴麦角隐亭和卡麦角林上。溴麦角隐亭通过阴道给药可以避免犬的呕吐，并且也能成功诱导犬发情。卡麦角林一般比溴麦角隐亭用药量少，副作用小，但用卡麦角林诱导犬发情的处理时间较长，甚至能超过 30d。多巴胺受体激动剂的诱导发情效果最好，且副作用小，但是也存在着处理时间长、成本较高等缺点。

激素诱导犬发情的效果不一致，且会产生一定的副作用，目前还没有可用于生产及临床的合适组方。使用PMSG组合对乏情母犬进行人工诱导发情是最有效的方法，但用PMSG诱导发情的最大缺点是容易使卵巢产生不排卵的大卵泡，并且由于PMSG半衰期长，诱情失败后会导致母犬长时间不发情，甚至丧失繁殖力。使用$E_2$时，由于$E_2$对于卵泡发育的促进作用较小，容易导致母犬出现假发情，并且$E_2$的副作用是会影响母犬的正常发情周期。使用PG类药物时会产生一些副作用，如唾液增多、呕吐、腹泻、运动失调、不安、尿频等。

## 二、同期发情

同期发情是指对母犬的发情周期及时间进行同期化处理，又称"同步发情"。一般利用某些激素制剂和环境刺激，使一群母犬在预定的时间内集中发情。应用该技术可以缩短犬的繁殖周期或实现同期、统一配种繁殖，实现订单式高效益犬繁育的目的。此外，该技术在犬胚胎移植中的作用也是至关重要的。

张跃骏（2015）联合使用PMSG和HCG激素诱导母犬发情和排卵，结果出现相对集中的发情表现，且发情率及同期发情率均高于相同条件下自然发情的母犬，这表明 PMSG＋HCG 激素能很好地诱导犬同期发情及排卵。这主要可能是因为 PMSG 对母犬具有催情并促使其排出成熟卵子的作用，而 HCG 具有使卵泡成熟和排卵的作用，两者联合使用能促使母犬卵母细胞发育成熟，排出更多的成熟卵子。赵兴旺（2018）发现通过应用 A 组药物（$P_4$＋苯甲酸雌二醇＋氯前列醇＋FSH＋LH）或 B 组药物（$P_4$＋苯甲酸雌二醇＋氯前列醇＋FSH＋PMSG），均能诱导非发情母犬的同期发情和超数排卵，且效果良好。

### 三、超数排卵

犬的超数排卵是指在母犬的发情周期内，按照一定的剂量和程序，注射外源激素或活性物质，使卵巢比自然状态下排出更多成熟的卵子，其目的是在优良种犬的有效繁殖年限内，尽可能多地获得其后代，用于扩大核心种犬群数量。

程占军（2012）对德国牧羊犬超数排卵技术进行研究发现，采用 FSH＋LH 方案，FSH 剂量为 140IU 时可获得最好的超数排卵效果。黎桂玲（2017）将 PMSG、HCG 及 PG 类似物联合使用，成功诱导不同生殖状态的中华田园犬发情并排卵，且排卵效果比自然发情效果好。

# 第六章

## 犬的受精、妊娠及分娩

## 第一节

## 受精过程

受精过程是指精子由射精部位（或输精部位）、卵子由排出的部位到达受精部位——输卵管壶腹部的过程。与卵子相比，精子运行的路径更长、更复杂。

## 一、精子的运行及机理

犬射精后精子在母犬生殖道的运行主要通过子宫颈、子宫和输卵管三个主要部位，最后到达受精部位。由于以上各部的解剖结构和生理机能特点，精子在通过这几个部位的速度和运行方式都会产生相应的变化。

### （一）精子在子宫颈内的运行

处于发情阶段的子宫颈黏膜上皮细胞具有旺盛的分泌作用，并由子宫颈黏膜形成许多腺窝。射精后，一部分精子借自身运动和黏液向前流动进入子宫；另一部分则随着黏液流动进入腺窝，暂时贮存，形成精子贮库。库内的精子会随着子宫颈的收缩活动被拥入子宫或进入下一个腺窝；而死精子可能因纤毛上皮的逆蠕动被推向阴道排出，或被白细胞吞噬而消除。

精子通过子宫颈属于第一次筛选，不仅保证了运动和受精能力强的精子进入子宫，也防止过多的精子同时进入子宫。因此，子宫颈也称为精子运行中的第一道栅栏。

### （二）精子在子宫内的运行

穿过子宫颈的精子在阴道和子宫肌收缩活动的作用下进入子宫。大部分精子在子宫内进入子宫内膜腺，形成精子在子宫内的贮库。库内的精子在子宫肌和输卵管系膜的收缩、子宫液的流动以及精子自身运动综合作用下进入输卵管。精子的进入促使子宫内膜腺白细胞反应加强，一些死精子和运动能力弱的精子被吞噬，精子又一次得到筛选。精子从子宫角进入输卵管时，宫管连接部成为精子向受精部位运行的第二道栅栏，由于输卵管平滑肌的收缩和管腔的狭窄，使大量精子滞留于此处，并能不断向输卵管释放。

### （三）精子在输卵管中的运行

进入输卵管的精子，靠输卵管的收缩以及管壁上皮纤毛摆动引起的液流的流动，使精子继续前行。在壶峡连接部精子则会因峡部括约肌的有力收缩被暂时阻挡，造成精子到达受精部位的第三道栅栏，限制更多的精子进入输卵管壶腹部，从而防止卵子发生多精受精。犬能够到达输卵管壶腹部的精子一般不超过100个。最后，在受精部位与每个卵子完成正常受精的只有一个精子。

## （四）精子在母犬生殖道运行的速度

精子从射精部位到达受精部位的时间远比精子自身运动的时间要短。精子运行速度受精子活力、母犬子宫的收缩力度等因素的影响。一般情况下，精子活力高、子宫收缩有力，精子运行的速度就快；经产老龄母犬子宫松弛，精子运行的速度慢。

## （五）精子在母犬生殖道内存活时间和维持受精能力的时间

由于精子是一种很活跃的细胞，所以离体后的生命就比较短暂，有的即使还具有活动能力，但已丧失受精能力。精子的活动能力和受精能力是有区别的，一般活动能力比受精能力时间长。确定精子在母犬生殖道内受精能力的时间，对于确定配种间隔时间，以保证有受精能力的精子在受精部位等待卵子很重要。此外，精子在母犬生殖道内的存活时间与精子本身的品质有关，也与母犬生殖道的生理状况有关。一般情况下，精子在母犬生殖道内存活的时间为 268h，保持受精能力的时间为 134h。

## 二、卵子的运行及机理

## （一）卵子的接纳

母犬接近排卵时，输卵管伞充分开放、充血，并靠输卵管系膜肌肉的活动使输卵管伞紧贴于卵巢的表面，加之卵巢固有韧带收缩而引起的围绕自身纵轴的旋转运动，使伞的表面更接近卵巢囊的开口部。

排出的卵子常被黏稠的放射冠细胞包围附着于排卵点上。输卵管伞黏膜上摆动的纤毛将排出的卵子接纳入输卵管伞的喇叭口。犬的伞部发达，卵子易被接受。

## （二）向壶腹部的运行

被输卵管伞接纳的卵子，借助输卵管管壁纤毛摆动和肌肉活动以及该部管腔较宽大的特点，很快进入壶腹的下端。在这里和已运行到此处的精子相遇完成受精过程。

## （三）卵子的滞留

主要指受精卵的滞留。犬的受精卵在壶峡连接部停留的时间较长，可达 2d 左右。这可能是由于该部的括约肌收缩、局部水肿使管腔闭合、输卵管的逆蠕动等因素控制卵子的下行，以防止受精卵过早从输卵管进入子宫。

## （四）通过宫管连接部

随着输卵管逆蠕动的减弱和正向蠕动的加强，以及肌肉的放松，受精卵运行至宫管连接部并在此短暂滞留，当该部的括约肌放松时，受精卵随输卵管分泌液迅速流入子宫。

## （五）卵子维持受精能力的时间

卵子维持受精能力的时间和卵子本身的品质及输卵管的生理状态有关，而卵子的品质又与母犬的饲养管理有关。卵子受精能力的丧失有一个过程，如果推迟配种，卵子可能在寿命末期受精，这种胚胎的活力不强，有的能够附植，有的则不能附植，可能在发育的早期被吸收，或者在出生前死亡。为提高卵子受精率，最好在排卵前某一时刻配种，使受精部位能有活力旺盛的精子等待新鲜的卵子。犬的卵子在输卵管保持受精能力的时间为 4.5d。

卵子在壶腹部才有正常的受精能力，未遇到精子或未被受精的卵子，会沿输卵管继续下行，随之老化，被输卵管的分泌物包裹，丧失受精能力，最后破解崩解，被白细胞吞噬。

## 三、精子在受精前的准备

### （一）精子获能

精子在受精前必须在子宫或输卵管内经历一段时间，在形态和生理上发生某些变化，机能进一步成熟，才具备受精能力的现象称为精子获能。

获能后的精子耗氧量增加。运动的速度和方式发生改变，尾部摆动的幅度和频率明显增加，呈现一种非线性、非前进式的超活化运动状态。一般认为，精子获能的主要意义在于使精子做顶体反应的准备和精子超活化，促进精子穿越透明带。

### （二）精子获能的部位

精子获能部位主要是子宫和输卵管。子宫型射精的动物，精子获能开始于子宫，但在输卵管最后完成；阴道型射精的动物，精子获能始于阴道，当子宫颈开放时，流入阴道的子宫液可使精子获能，但获能最有效的部位是子宫和输卵管。

### （三）精子获能的时间

犬射精后，精子在 15min 基本可以达到输卵管，时间要先于卵子，在此期间精子得以获能。其获能所需时间在 6h 左右。

## 四、卵子在受精前的准备

卵子排出后，在受精前也有类似精子获能的成熟过程，在这段时间内进行了哪些生理生化变化，尚不清楚。犬的卵子在受精前，也就是从卵巢排入输卵管后，还不能与精子结合，必须继续发育并进行第一次成熟分裂，放出第 1 极体，由初级卵母细胞变为次级卵母细胞后才具备受精能力。

## 五、受精过程

犬的受精过程主要包括以下几个主要步骤：精子穿越放射冠；精子接触并穿越透明带；精子与卵子质膜的融合，雌雄原核的形成；配子配合和合子的形成等。

### （一）精子穿越放射冠

放射冠是包围在卵子透明带外面的卵丘细胞群，它们以胶样基质相粘连，基质主要由透明质酸多聚体组成。经顶体反应的精子所释放的透明质酸酶，可使基质溶解，使精子得以穿越放射冠接触透明带。

### （二）精子穿越透明带

穿过放射冠的精子即与透明带接触并附着其上，随后与透明带上的精子受体相结合。精子受体实际为具有明显的种间特异性的糖蛋白，又称透明带蛋白。经顶体反应的精子，通过释放顶体酶将透明带溶出一条通道而穿越透明带并和卵黄膜接触。

当精子触及卵黄膜的瞬间，会激活卵子，使之从一种休眠的状态下苏醒。同时，卵黄膜发生收缩，由卵黄释放某种物质，传播到卵的表面以及卵黄周隙，引起透明带阻止后来的精子再进入透明带。这一变化称为透明带反应。迅速而有效的透明带反应是防止多个精子进入透明带，进而引起多精子入卵的屏障之一。

## （三）精子进入卵黄膜

穿过透明带的精子才能与卵子的质膜即卵黄膜接触。由于卵黄膜表面具有大量的微绒毛，当精子与卵黄膜接触时，即被微绒毛抱合，精子实际是躺在卵子的表面，通过微绒毛的收缩将精子拉入卵内。随后精子质膜和卵黄膜相互融合，使精子的头部完全进入卵细胞内。

当精子进入卵黄膜时，卵黄膜立即发生一种变化，具体表现为卵黄紧缩、卵黄膜增厚，并排出部分液体进入卵黄周隙，这种变化称为卵黄膜反应。具有阻止多精子入卵的作用，又称为卵黄膜封闭作用或多精子入卵阻滞，可看作在受精过程中防止多精受精的第二道屏障。

## （四）原核形成

精子进入卵细胞后，核开始破裂。精子核发生膨胀，解除凝聚状态，形成球体的核，核内出现多个核仁。同时，形成核膜，核仁增大，并相互融合，最后形成一个比原精细胞核大的雄原核。

雌原核的形成类似于雄原核。两性原核同时发育，体积不断增大，几小时可达原来的 20 倍。一般情况下，由于雄性染色质开始疏松增大的时间比雌性早，所以雄原核形成比雌原核大。

## （五）配子配合

两原核形成后，卵子中的微管、微丝也被激活，重新排列，使雌、雄原核相向往中心移动，彼此靠近。原核相接触部位相互交错。松散的染色质高度卷曲成致密染色体。随后，两核膜破裂，核膜、核仁消失，染色体混合、合并，形成二倍体的核。随后，染色体对等排列在赤道部，出现纺锤体，达到第一次卵裂的中期。受精至此结束，受精卵的性别也因参与受精的精子性染色体而决定。

## 第二节

## 妊娠诊断

母犬妊娠期一般为 58～63d，可分为前期（1～20d）、中期（20～40d）、后期（40d～分娩）3 个阶段。母犬各阶段的体型外观变化、内分泌变化、行为变化不尽相同。妊娠诊断就是借助母犬的变化和表现判断其是否妊娠以及妊娠进展情况。

早期妊娠诊断有利于我们加强妊娠母犬的饲养管理，增强母犬健康，保证胎儿正常发育。对妊娠诊断阴性的犬及时调整营养，避免浪费，找出未孕原因并及时采取措施。中、晚期妊娠诊断可以判断胎儿数量、发育情况、预测分娩日期，做好接产准备。常见的诊断方法有以下几种。

## 一、外部观察法

母犬妊娠后因体内新陈代谢和内分泌系统的变化导致行为和外部形态特征发生了一系列变化，且这些变化具有一定规律。

### （一）行为变化

妊娠初期通常行为变化不明显，中期母犬行动迟缓而谨慎，后期母犬表现为易疲劳、频繁排尿、接近分娩时有做窝行为。

### （二）体重变化

妊娠 30d 以内体重略有增加，30～55d 体重迅速增加，55d 至分娩体重增加不明显。

### （三）外生殖器变化

非妊娠犬外阴自发情开始肿胀，4 周左右即消退，妊娠犬在整个妊娠期外阴持续肿胀，分娩前几天，肿胀更加明显，外阴部变得松弛而柔软。

### （四）乳腺变化

乳房 30d 内变化不明显，30d 后乳腺发育，腺体增大，部分犬乳头周围开始脱毛，临近分娩可以挤出乳汁。

## 二、触诊法

触诊法是指隔着母犬腹壁触诊胎儿判断母犬妊娠情况的方法。具体方法为：犬配种后28~32d，由犬主牵引控制住犬的头部，让犬站立，检查者站在犬的右侧，先抚摸犬给其安全感，让犬肌肉放松。左手越过犬的背部轻按犬的左腹，右手轻压犬的右腹，两手同时朝下腹部滑，以使子宫垂到下腹部，然后左手按压在左腹部不动，右手轻轻地用手指挤压下腹部，如能摸到直径1.5~3.5cm的球状物，可确诊。触诊准确性因犬的性情、大小、妊娠阶段、胎儿数目、肥胖程度以及施术者的经验而异。

## 三、超声波诊断法

利用超声波装置探测胚胎的存在来诊断妊娠的方法。能在屏幕上显示胚囊和胚胎等妊娠特征，准确率高（图6-1）。最早可确认孕囊的时间是交配后第18~19d。具体检测方法是犬取仰卧、侧卧或站立姿势，剪掉下腹部被毛，探头及探测部位充分涂抹耦合剂，使探头与皮肤紧密接触，通过膀胱定位后，探头沿腹白线两侧缓慢滑动，期间改变探头方向探测孕囊或胎儿的存在。通过

B超能辨别孕囊、胎动、胎儿体腔、胎儿心动的时间分别是18d、30d、40d、48d。

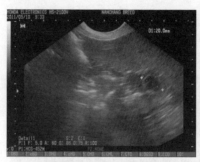

A.罗威纳母犬妊娠25日孕囊影像

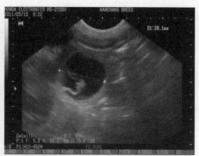

B.罗威纳母犬妊娠35日胚胎发育情况

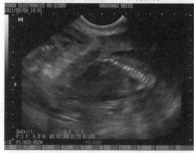

C.罗威纳母犬妊娠45日脊椎发育情况

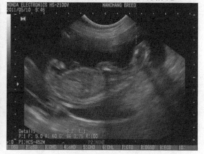

D.罗威纳母犬妊娠55日胎儿整体情况

图6-1 犬妊娠期不同阶段B超图

## 第三节

## 分娩

犬分娩是指犬正常妊娠期满、胎儿发育成熟、母犬将胎儿及其附属物从子宫内排出体外的生理过程。

## 一、分娩机理

在临近分娩前，子宫肌对机械性刺激及相关激素的敏感性逐渐增强。当胎儿完全发育成熟要分娩时，犬的脑垂体分泌大量促肾上腺皮质激素，从而使胎儿肾上腺皮质激素分泌增多。肾上腺皮质激素又引起胎儿胎盘分泌大量的雌激素，同时也刺激子宫内膜分泌大量的PG。在这些激素刺激下，胎儿就对子宫颈和阴道产生刺激，反射性地使母犬垂体后叶释放大量的催产素。在催产素的作用下，或催产素与PG共同作用下，子宫肌发生强烈的阵缩，从而启动分娩排出胎儿。

## 二、分娩预兆

### （一）乳房变化

母犬在分娩前2周内，乳房迅速发育膨大，乳腺变得充实下垂，临产前2d，可以挤出少量清亮或乳白色的液体。

### （二）外阴变化

分娩前数天，阴唇逐渐变得松软、肿胀并增大，阴唇皮肤上的皱褶展平，并充血变红，从阴道流出的黏液由浓稠变稀薄。

### （三）骨盆变化

在临产前数天犬骨盆部韧带变得松软，臀部肌肉明显塌陷。

### （四）行为变化

分娩前24h内，多数母犬食欲减退甚至停食，行为急躁，不断用前肢扒地，尤其是初产母犬，表现更为明显，总是显得不安、哀鸣、不停地转来转去。分娩前几小时，母犬坐卧不宁，呼吸加快、气喘、呻吟或尖叫，抓扒地面，同时排尿次数增多。如果见有黏液从阴道内流出，犬不断地舔舐外阴部，说明几小时内就要分娩了。

犬分娩前所表现的各种征状都属于分娩前的预兆，但在实践中不可单独地依据其中某一个分娩预兆来判断母犬的分娩时间，要全面观察、综合分析才能作出准确判断。

## 三、分娩前的准备工作

分娩前应对犬体进行清洗消毒，先将被毛梳刷干净，然后用消毒水擦洗全身，特别是犬的臀部、阴部和乳房应保持清洁卫生，长毛犬应将上述部位的毛剪掉，以免影响分娩和仔犬吸食乳汁。分娩的场所应保持干燥卫生，相对安静和舒适，冬天有取暖设备，夏天有防暑设备；备好催产素、抗生素、碘伏、剪刀、毛巾及水盆等接产药品和物品。

## 四、分娩过程及注意事项

母犬分娩一般是侧卧姿势，偶见排便姿势。因为母犬侧卧时，胎儿容易进入骨盆腔；而且腹壁不必负担内脏器官和胎儿的重量，使腹肌收缩更有力。另外，侧卧可使两后肢呈挺直姿势，促使骨盆韧带以及附着的肌肉充分松弛，从而能使骨盆腔充分扩张，有利于胎儿通过。母犬的整个分娩过程是从子宫肌和腹肌出现阵缩开始的，至胎儿和附属物排出为止。一般分为子宫颈开口期、胎儿产出期和胎衣排出期3个阶段。

### （一）子宫颈开口期

是从子宫有规律的阵缩开始到子宫颈口充分张开为止。这一阶段仅有阵缩，没有努责。犬开口期一般为3～24h，其主要表现是烦躁不安，并逐渐加重至起卧频繁，阴门中见有黏液流出。一般经产犬较为安静，有的甚至看不出表现，而初产犬表现较为明显。

### （二）胎儿产出期

是指子宫颈口充分开张至胎儿全部排出为止。这一时期，母犬的阵缩与努责共同发生作用，其中努责是排出胎儿的主要力量。母犬的临床表现是极度不安、起卧频繁、前蹄刨地。胎儿前置部分以侧卧胎势通过骨盆及子宫颈，此时，母体四肢伸直，努责的强度和频率都达到了极点，努责数次后，休息片刻，又继续努责。

在产出期中，胎儿最宽部分的排出需要较长的时间，特别是头部，当胎头通过骨盆腔时，母犬努责表现最为强烈。当母犬发现包着胎膜的胎儿出现在阴门时，就会用牙齿撕破胎膜，露出胎儿。胎儿产出后，母犬会拽出并吃掉胎膜和胎盘，咬断胎儿的脐带，并不停地舔仔犬的全身，特别是舔去仔犬口鼻处的羊水，确保仔犬呼吸通畅。一般犬娩出第1头仔犬后2h内，第2头仔犬就会娩出，并最终娩出所有胎儿。当所有胎儿娩出后，母犬就会安静下来照顾仔犬，不停地用力舔仔犬的肛门及其周围，以刺激仔犬胎粪排出。

## （三）胎衣排出期

是从胎儿排出后到胎衣完全排出为止。胎儿被排出后，母犬就开始安静下来，几分钟之后，子宫再次出现轻微的阵缩及微弱的努责，胎盘膜此时有可能被排出，但也可能与下一头仔犬娩出时一起排出。母犬通常会吃掉胎盘和胎盘膜，用于补充能量，有利于分娩。

## 五、助产技术

一般情况下，母犬可自然分娩。但为了避免事故，减少死亡，在犬分娩时，犬主应全程守候，帮助犬完成分娩。

当看到胎儿头部露出阴门外时，如羊膜尚未破裂，要立即将其撕裂，使胎儿的鼻、嘴端露出，并擦净鼻孔和嘴内黏液，以利呼吸，防止窒息。如在分娩时羊水已流出，而胎儿尚未排出，母犬的阵缩和努责又较微弱，助产人员用两个手指伸入母犬产道，抓住胎头和两前肢的腕部，随着母犬的努责频率，缓缓拉出胎儿，切不可强行拉出，以免带出子宫，造成子宫脱。

仔犬产出后，要迅速清除仔犬口腔及呼吸道的黏液、羊水，防止其窒息，并用毛巾擦干全身。如果母犬没有咬断脐带，主人应在距腹部 2～3cm 处用剪刀剪断脐带，并用 5％碘酊消毒，以防细菌感染。当胎儿胎盘过早剥离了母体胎盘，胎儿得不到足够氧气，常出现假死仔犬，对假死的仔犬应及时救治。具体方法如下：用双手握住仔犬的头部与身躯，向下甩出仔犬口鼻腔内的黏液，手有节律地压迫胸腹部，促使羊水从气管内排出，必要时做人工呼吸，同时用毛巾擦拭仔犬体表的黏液，促进血液循环。如抢救 3～5min 仔犬仍无呼吸，说明已经死亡。

## 六、产后护理技术

犬分娩后，整个机体特别是生殖器官发生了剧烈变化，抗病能力明显下降，身体非常虚弱，一旦感染疾病，将会造成仔犬生长发育受阻甚至死亡，因此一定要做好产后 1 周内的护理。

## （一）加强卫生管理

要经常用消毒液（0.1%高锰酸钾）清洗母犬的外阴部、尾巴和后躯，用温水擦洗乳房，再用干毛巾擦干，同时要保持产房的清洁卫生，勤擦拭产床。夏天要防止犬被蚊虫叮咬而感染疾病，冬天要注意通风换气。

## （二）加强营养供给

母犬分娩后，可先喂一些葡萄糖水，以补充分娩过程中失去的大量水分，5～6h 后补充一些蜂蜜、鸡蛋和牛奶。最初几天喂一些适口性好、易消化、促进泌乳的食物，如猪蹄、鸡肉、牛奶、鸡蛋、肉粥等，每天的进餐次数可增加到 4～5 次，始终要供给清洁的饮水，同时要注意维生素、微量元素的补充，特别要注意补钙，以防产后癫痫。

## （三）加强疾病预防

母犬产后子宫黏膜发生再生，常有大量的恶露（由脱落的母体胎盘、残留在子宫内的血液、胎水组成）排出。母犬的恶露为暗红色但不臭，1 周内基本排完。如果恶露有腐臭味，或排出时间过长，即表明母犬出现异常，应及时处理。最好每天早晚各能测量犬体温 1 次。如果体温升高，要及时查明原因并处理。需要用药时，应在兽医的指导下使用。

## （四）保持产房安静

注意保持产房周围环境的安静，让母犬充分休息，禁止大声叫喊和让陌生人观看。特别是不准打骂、惊吓母犬，以免母犬受刺激后减少乳汁量。

# 第七章

## 犬人工授精技术

## 第一节

## 采精

### 一、公犬的准备

公犬应进行数次采精调教，以便犬在采精场所形成良好的性条件反射。调教的场地、时间以及采精员都应相对固定，直至将公犬带进采精场地后，采精员稍加刺激，公犬就产生性条件反射。

调教时可在采精场地牵入一头发情母犬，然后将公犬带入。此时，公犬会与母犬进行嬉戏、嗅闻母犬外阴部，在较短的时间内，公犬就产生爬跨、抽插等交配行为。此时，采精员应准确把握时机，在公犬阴茎勃起后，将阴茎引导到母犬生殖器外，用手按摩刺激，公犬便会射精。采精员可让公犬进行几次空爬后再开始采精，对提高精液密度有一定的效果。如果没有发情母犬的诱导，直接对公犬采精，容易造成公犬性抑制，甚至影响以后的配种。公犬的调教应由有经验的采精员来完成，避免初期给犬带来不良的条件反射和记忆。

采精前要对公犬的侧腹尤其是包皮进行擦拭和清洗，但不建议使用消毒液。因为如果用消毒液清洗包皮，有可能造成消毒液流入包皮内而无法清洗干净，在采精时包皮内的消毒液会顺着阴茎流入集精杯中而污染精液。

## 二、采精场所的准备

采精应在良好的环境中进行，以利于公犬形成稳定的性条件反射，又能避免精液不受污染。因此，要求室外采精场地应宽敞、平坦、安静、清洁、避风；室内采精场地应宽敞明亮、地面平坦、防滑。采精场地要固定，有利采精操作并获得量多质优的精液，同时避免损害公犬性行为和健康的不良因素，使公犬处于准备采精的良好状态。

## 三、采精器械的准备

集精器可选择漏斗与15ml离心管组合，或者50ml的玻璃烧杯，在采精前与精液接触的器皿都要在干燥箱中37℃预热，以确保精液与器皿温度差不高于2℃。冬天气温较低时，集精器外面应再套个保温设备，以防精子受低温打击而影响精液品质。

## 四、精液的采集

把公犬和发情母犬都牵入采精场地，让公犬和母犬进行嬉戏爬跨，待公犬空爬几次后，采精员用手（戴无粉灭菌手套）握住公犬阴茎，将阴茎拉向侧面，把包皮往上撸至露出阴茎球，握住阴茎球后端，同时给阴茎适当的按压，当阴茎充分勃起后犬即开始射精。射精过程分三段，持续 1min 左右。第一段为尿道小腺体分泌的水样液体，无精子，可弃之不用；第二段是乳白色的富含精子的液体，全部收集；第三段是前列腺分泌物，不含精子，由于不好区分，可少量收集。公犬采精的场地、时间及采精员都要相对固定，从而使公犬建立起性条件反射。

## 第二节

## 犬精液品质检查

犬精液品质检查是为了鉴别精液品质的优劣。评定的各项指标，既是确定精液取舍、新鲜精液进行稀释保存的依据，又能反映公犬饲养管理水平和其生殖器官的机能状态。因此，常用作诊断公犬不育或确定其种用价值的重要手段，同时也是衡量精液在稀释、保存和运输过程中的品质变化和处理效果的重要判断依据。

精液品质非常好或者非常差的生育力一般较容易预测，而精液品质中等的犬的生育力往往难以预测。精液品质评价中，鲜精品质主要反映的是公犬的睾丸、附睾等器官功能是否正常，冷冻精液或冷藏精液品质则反映了低温保存操作过程中精子受到的损伤程度如何。犬精液品质检查的指标主要包括精液量、外观、精子密度、活力、形态和膜完整性等。

## 一、精液的一般性状

### （一）精液量

犬的射精过程分为三段，富含精子的第二段精液决定了精子的受精能力，因此通常收集第二段精液进行检测分析。犬射出的总精子数范围一般为（3～20）×10$^8$个，精液量的多少与睾丸的体积密切相关，不同品种的犬射精量区别很大。在缺少发情母犬的诱导、性刺激不足、采精过程感觉到痛苦或其他环境因素刺激时，公犬的射精量可能很少。如果对公犬的精液量存疑虑，可检查其精液碱性磷酸酶的浓度。碱性磷酸酶的浓度低于5000IU/L表明可能存在射精不完全、附睾障碍或发育不全的问题。

精液量的检查通常用体积法或称量法。体积法即在刻度集精管上读出精液量，也可用量筒测量。称量法是指利用电子天平称量精液的重量，再除以犬精液密度1.01g/ml，算出精液量。犬的射精量因前列腺液的量不同而差别很大，通常犬三段射精精液量范围为10～15ml。

## （二）精液颜色

正常精液的颜色一般为乳白色或白色（图 7-1），精子密度越高，乳白色越浓，透明度越低。精液呈水样或者乳清样说明精子密度低；精液呈深黄色，表明精子中可能混有尿液；精液呈粉红色或淡红色，则表示生殖道有新鲜的创伤；红褐色精液表明生殖道有陈旧创伤；精液呈淡绿色表明精液中可能有脓液混入。色泽异常的精液都不宜使用。正常精液不该含有块状物或絮状物，更不该有尘土、毛发或其他异物。

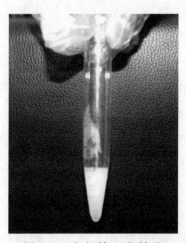

图 7-1　犬的第二段精液

## （三）精液气味

正常精液略带腥味。如有异味，可能是混入了尿液、脓液、粪渣或其他异物的表现，应废弃。

## 二、精子密度

根据精子密度可以算出每次射精量中的总精子数，再结合精子活力和每个输精量中应含有效精子数，可以确定精液合理的稀释倍数和可配母犬头数。目前常用的测定方法有目测法、血细胞计数器计数法、光电比色测定法和计算机辅助分析法。

1. 目测法

目测法是指将精液放在 100 倍显微镜下观察，按照精子稠密程度分为密、中、稀三级（图 7-2）。密：指整个视野内充满精子，几乎看不到空隙，很难见到单个精子活动。中：指视野内精子之间有大约 1 个精子长度的空隙，甚至可以看到单个精子活动。稀：视野内精子之间的空隙很大，超过 1 个精子长度的空隙，甚至可以计算精子的个数。目测法评定精子密度具有较大的主观性，误差也较大。

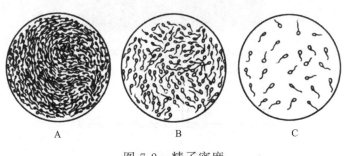

图 7-2　精子密度

A—密；B—中；C—稀

2.血细胞计数器计数法

本法可准确计算单位体积精液中的精子数。具体操作方法为：用移液器吸取 $20\mu l$ 精液，用 $3.0\%NaCl$ 溶液 $0.38ml$ 与其混合均匀，使之成为 20 倍稀释的稀释精液。将备好的血细胞计数板用血盖片将计数室盖好，用小吸管吸取一滴精液于血盖片边缘，使之自行流入计数室，均匀充满，不允许有气泡或厚度过大，然后置于显微镜 400 倍下观察计数。计数板上有 25 个大方格，每个大方格内有 16 个小方格，只需数出四角和中央 5 个大方格精子数即可，然后推算 1ml 精液中的精子数（图 7-3）。计算方法：精子密度＝5 个大方格内精子数×5 万×稀释倍数。犬精液密度一般为 1 亿～5 亿个/ml。通常可利用血细胞计数器对其他密度检测仪器进行矫正。

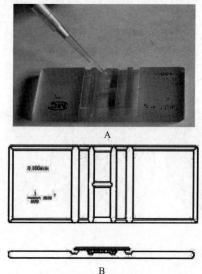

A

B

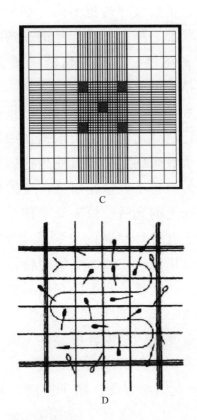

图 7-3 采用血细胞计数器计算精子密度方法示意图

A—血细胞计数板点样；B—血细胞计数板顶面观和侧面观；

C—放大后的网格；D—放大后的计数室

（压在边线上的精子，计头不计尾，计上不计下，计左不计右。箭头方向为计数顺序）

3.光电比色测定法

光电比色计也叫分光光度计，其测定精子密度的原理为：当已知波长的光柱穿过某一悬浮液时，由于液体中颗粒的数量、大小、形状及通透性的不同，这一悬浮液对光的吸收、折射或穿透也不同。如果每个样品中颗粒的大小和形状都一样，那么样品的光透率变化就只取决于颗粒物质的浓度。每毫升精液中所含的精子数越多，说明透过精液的光越少。

精子密度和精液光透率之间的线性关系用对数表示。使用光电比色计之前，需要根据血细胞计数计算出精液样品中精子数来确定标准。使用这些数据，根据回归计算公式，做出精子数量相对光密度的标准曲线，然后根据标准曲线上的光密度值来计算精子密度。

目前市场上有各种品牌的犬精子密度仪（图7-4），其原理也是光电比色，在仪器中编写特定的计算公式使检测员能够快速测定精子密度。在实际操作过程中只需要将少量精液加入专用的比色皿卡槽，5s即可读取精子密度，检测速度快，结果较可靠。光电比色计的缺点是操作较为烦琐，需要制作标准曲线，计算精子密度与OD值之间的线性回归方程。精子密度仪通过载入固定

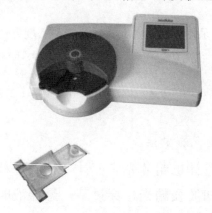

图7-4　犬精子密度仪

数学模型进行计算，测得结果误差范围较大。利用此法进行精子密度测定时，应避免精液内的细胞碎屑、血细胞和副性腺分泌的胶状物等干扰透光性而造成的误差。

4. 计算机辅助分析（computer-assisted semen analysis, CASA）法

CASA 最早出现在 20 世纪 90 年代，是将计算机技术和精液的图像处理技术应用于精子动力学分析，对精子运动图像分析，提供精子动力学量化数据。CASA 检测系统通过录像机或计算机视频技术与显微镜连接组成，快速捕捉单个精子运动轨迹，采集精子的不同运动轨迹图像并进行快速、动态处理分析，从而鉴定精液的质量。因其需要对单个精子的运动轨迹进行捕捉，在计算分析过程中，通过对捕捉精子数的计算，可以准确获得精子密度信息。实际操作过程中，只需要加 $5\sim10\mu l$ 精液到预热的载玻片上，盖上盖玻片，按要求操作电脑软件分析系统即可获得准确的精子密度以及其他动力学信息。CASA 检测系统相对于光电比色法对精子密度的计算更为准确，但是对仪器设备的要求比较高，一般适用于专门化的检测机构或实验室使用。

## 三、精子活力

精子活力是指精液中呈前进运动的精子所占的百分率，是评价精子受精能力的重要指标之一。精子活力对精子进入母犬生殖道正常受精极为重要，也是精子结构

和功能完整性的体现，与精子膜完整性和形态学完整性呈正相关。精子对温度变化极为敏感，在检测过程中要严格控制精液温度。原精精子活力一般在 0.7～0.9，一段时间没有配种的公犬精子活力可能会低一点。通常在采精后，精液处理前、后，冷冻精液解冻后和输精前进行检查，活力检测方法有以下几种。

1. 目测评定法

采用显微镜对精子活力进行估计的时候，需要选取多个不同的视野，以使样本具有代表性。具体操作步骤：取 5μl 精液置于预热后的载玻片上加盖玻片，立即在 37℃载物台上用 200～400 倍相差显微镜观察活力，也可通过电视显微装置观察活力。每样片观察 3 个视野，进行全面评定。

活力评定通常采用十级评分法，如呈直线前进运动精子数占总精子数 90%，则为 0.9 级，80% 即为 0.8 级，依此类推。原精的精液密度大，很难区分单个精子的运动方式，影响活力评定的准确性，一般进行精子活力评定时，要将原精进行稀释，稀释后浓度约为 0.25 亿个/ml。目测法是最简单快捷的检测方法，缺点是主观性太强，准确性相对较低。

2. 计算机辅助分析（CASA）法

计算机辅助分析法可以直接计算出精子的活力，同时可以获得其运动过程的详细参数（图 7-5）。CASA 系统可以跟踪拍摄单个精子活动轨迹，采集精子不同运动轨迹图像并进行快速、动态处理分析，获得精子的常规动力学参数,包括直线速率 VSL($\mu$m/s)、曲线速率 VCL($\mu$m/s)、路径速率 VAP($\mu$m/s)、直线性 LIN(%)、前向性(%)、摆动性(%)、侧摆幅度($\mu$m/s)、直线运动精子数、曲线运动精子数等。通过对精子动力学参数的评估,分别计算出前进运动、非前进运动、不动精子数分别占总精子数的百分比。

图 7-5 全自动犬精液分析系统

### 3.死活精子计数法

此方法的原理为在特定的染料中活精子不易着色,死精子着色,从而将死活精子加以区别。活精子的细胞膜为半透性膜,能阻止色素侵入,而死精子细胞膜通透性增强,特别是核后帽的通透性增强,容易着色。死亡时间越久,染色越深。因此,精子头部着色的即为死精子,不着色或几乎不着色的为活精子。用此法测得的活力结果往往比实际的高,因为除了直线前进运动的精子不着色外，其他失去正常运动能力但尚未死亡的精子也不着色。

具体操作：使用伊红-苯胺黑染色时，先取 1 滴精液，滴加 1 滴 10g/L 的伊红，混匀，染色 30s 后再滴加 1 滴 100g/L 的苯胺黑，混匀，染色 30s 后推片，晾干。待玻片晾干后，对精子形态进行镜检。死精子头部呈红色，活精子不着色。由于染料本身有一定渗透压，染色过程中没有固定这一步，可能会因为渗透压的差异，人为地增加了异常精子百分比。可通过在染液中加入葡萄糖、TES-Tris 缓冲液、柠檬酸钠、氯化钠或磷酸盐缓冲液，将染液的渗透压调节到生理范围内，但这些溶液的盐能使涂片在干燥后形成结晶，常常妨碍对精子形态的正常判断。

## 四、精子形态检查

精子形态异常与犬的繁殖力关系最大。精液中如果含有大量畸形精子或顶体异常精子，受胎率就会降低。公犬畸形精子一般不能超过 20%。精子形态学检测主要通过精子死活染色或顶体染色进行判断，通过透射电镜检查能更好地判断精子形态异常或质膜损伤的严重程度；也可用相差显微镜或微分干涉显微技术进行评价。其中湿涂片更适合检查精子的中段和尾段异常，染色涂片鉴定头部和顶体异常效果最好。采用这些方法进行精子形态评价时，由于染色方法的不同，结果会有一定差别。

精子畸形率及顶体完整率常用姬姆萨染液进行染色。使用姬姆萨染液进行染色时，取一滴精液滴于载玻片的一端，用另一边缘光滑的载玻片与有精液的载玻片呈35°夹角，将精液均匀地拖布于载玻片上，自然风干。晾干后用甲醛溶液固定15min后用清水缓缓冲去固定液，自然风干，随后将固定好的抹片置于姬姆萨染液中染色1.5h后用清水缓缓洗去染液，晾干镜检。在100倍的油镜下，观察100～200个精子的形态，计算正常和异常形态精子数量（图7-6）。需注意的是，冻精的染色需提前去除精液稀释液，因冻精稀释液中的甘油、卵黄会与大部分固定液发生作用，从而影响精子的染色效果。

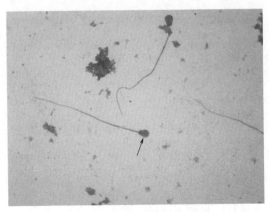

图 7-6 犬精子姬姆萨染色

正常精子头部呈均匀一致的紫红色，顶体上部的顶体脊呈深紫色，位于顶体基部与核后帽分界处的颜色略

浅，呈规则的月牙形。颈、尾部呈淡紫色，尾部细长，
自中段、主段和末段逐渐由粗变细，呈自然弯曲状态。
畸形精子一般可以分为头部畸形、颈部畸形和尾部畸
形，其中以颈部畸形最常见（图7-7）。

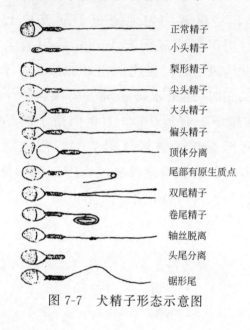

正常精子

小头精子

梨形精子

尖头精子

大头精子

偏头精子

顶体分离

尾部有原生质点

双尾精子

卷尾精子

轴丝脱离

头尾分离

锯形尾

图 7-7　犬精子形态示意图

### 1. 头部畸形

包括大头、小头、不规则头型和顶体异常。大头精
子的头部明显大于正常精子，往往还同时具有双尾；小
头精子的头部显著小于正常精子，一般认为可能与采精
频率过低、精子细胞正常的衰老有关；不规则头型的精
子往往受精能力低，很难穿过卵子的透明带，常见的有
菱形、三角形等。顶体异常的情况较为复杂，部分精子
顶体严重膨胀，出现皱褶，染色后呈现明显的条纹，有

时顶体膨大呈冠状；也有部分精子顶体的膜结构受损，出现顶体脱落、双层膜结构部分消失，顶体内所含的酶流失，致使精子不能穿过卵子的透明带等。

2.颈部异常

包括颈部膨胀和颈部断开两种，其中颈部断开最为常见。颈部是精子最脆弱的部位，在精子成熟过程中，稍微受到影响，很容易造成颈部断开，尾部脱落，成为无尾精子，失去前进运动的能力。

3.尾部畸形

常见的有无尾精子、尾部线粒体脱落裸露纤丝、尾部弯折或卷曲、双尾精子等。其中尾部弯折卷曲最为常见。原因主要有青年犬初次采精，采精和精液处理过程中降温过快或稀释液渗透压偏低。

4.其他畸形

包括有原生质滴的精子和凝集的精子。有原生质滴的精子一般是尾部中段有一原生质滴，可能是精子在附睾成熟过程中因为某些原因没有完成最后过程，一般采精频率过高的公犬精液中可能出现较多的原生质滴。凝集精子是指数量不等的精子发生头-头、头-尾、尾-尾缠绕凝集，引起精子凝集的原因主要包括理化凝集和免疫性凝集两种。

理化凝集在繁殖实践中比较常见，如精液稀释、冲洗精子、冷休克、pH及渗透压的改变、金属盐的处理等。一般是头-头、尾-尾凝集。精液中的柠檬酸钠有抗凝集作用。

精子具有抗原性，可诱导机体产生抗精子抗体，在有补体存在的情况下，抗精子抗体可抑制精子运动而发生凝集，这种现象称为免疫性凝集。精清也具有抗原性，精液稀释液中的卵黄也是一种抗原。在人类男性不育中，有 2.9％是免疫性不育，9％的男性不育患者可检出抗精子抗体。

从理论上讲，精子从精原细胞发生到精子形成、发育、成熟，从采精到低温保存，其全过程都可能会受到各种不利因素的影响，导致精子形态的异常变化，畸形率增加。原因主要包括：刚刚性成熟的青年犬和老年犬精子畸形率较高；公犬日粮营养不全，微量元素或矿物元素不足影响生精功能；夏季高温高湿，睾丸长期热应激，精子活力下降，畸形率升高；采精频率过高，会导致未成熟精子增多，含有原生质滴精子数增加；采精员操作不当，造成公犬不适，导致尾部畸形精子数增加；精液稀释及质检过程的处理、冷冻过程精子冷冻温度和降温速度对畸形率都有一定的影响。

## 五、精子质膜完整性检查

低渗肿胀实验（hypoosmotic swelling test，HOST）最初用于评价人精子质膜完整性检查。在低渗的情况下，精子尾部肿胀，水分通过质膜进入精子，精子尾部会发生卷曲；受损的精子细胞屏障受损，水分进入精子体内，不会发生尾部卷曲现象，因而肿胀反应是精子质膜完整的正常体现（图 7-8）。

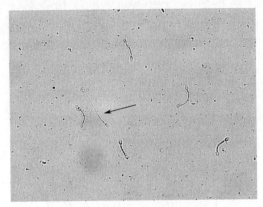

图 7-8　精子低渗肿胀图

## 六、精子存活时间及存活指数

精子存活时间是指精子在体外一定保存条件下的总生存时间。精子存活指数是指精子的平均存活时间，反映精子活力下降的速率。精子存活时间越长，存活指数越大，使用的精液处理和保存方式越佳。因此，精子存活时间及存活指数与受精率密切相关，是精液品质的一项评价指标，也是鉴定稀释液种类与精液处理效果的一种方法。检查时，将稀释后的精液置于一定的温度（0℃、-4℃或 37℃）环境下，间隔一段时间检查活力，直至无活动精子为止。

精子存活时间（h）＝开始稀释检查至倒数第二次

检查之间的间隔时间，加上最后一次与倒数第二次检查间隔时间的一半。

精子存活指数＝每相邻前后两次检查精子活力的平均数与间隔时间乘积的总和。

## 七、精液的细菌学检查

精液中细菌微生物的存在，不仅会影响精子寿命和降低受精能力，而且还将导致有关疾病的传播。精液中细菌微生物的来源与公犬生殖器官疾患和人工授精操作卫生条件密切相关，因此有必要对精液进行细菌学培养检查。评定犬精液中细菌数通常是采用平板培养法进行。其基本操作步骤是：把 0.2ml 精液滴入一个灭菌平皿内；把已凉至 50℃ 左右的普通琼脂以无菌操作倾倒入平皿内，每皿约 15ml，并转动平皿使精液混合均匀，同时做空的对照平皿。待琼脂凝固后翻转平皿，置 37℃ 恒温箱内培养 48h 取出，计数平皿内菌落数。

## 八、其他检测技术

常规的光镜染色法评价精子形态特点时，由于冷冻保护剂甘油和卵黄的存在，评价冷冻精子时，会干扰染色固定剂的作用，不适合评价冷冻精子的形态学特点，但采用荧光染色可以克服上述缺点，通过荧光染色法与其他技术结合，可以评价多种动物冻精的形态特点，如荧光染色后可以用荧光显微镜、流式细胞仪分析顶体结构特点。通过研究精子细胞内 $Ca^{2+}$ 浓度，可评估精子获能状态、线粒体功能及染色质结构等。常用的荧光染料主要有 2 类：一类与死精子进行特异性结合，如 Hoechst 33258、溴化乙锭、溴乙菲啶二聚体等，这类染色剂不能够穿透质膜，染料只能进入质膜破损的精子与 DNA 结合。另一类主要与活精子进行特异性结合，如 SYBR-14、羧基荧光素双醋酸盐、羧基二甲基荧光素双醋酸盐、SYTO-17 等，这类染料是膜通透性染料，能进入质膜完整的精子。

精子在获能和顶体反应过程中，精子膜外源凝集素受体会发生变化，可以利用异硫氰酸荧光素（FITC）标记的凝集素检测精子的顶体状态，如花生凝集素（PNA）、豌豆凝集素（PSA）、刀豆凝集素（ConA）和植物血凝素（RCA）等。

$Ca^{2+}$ 内流是精子获能的一种表现形式，荧光抗生物素氯四环素（CTC）可以结合细胞内的 $Ca^{2+}$ 形成 CTC-$Ca^{2+}$ 复合体而增强荧光度。由于细胞内 $Ca^{2+}$ 浓度不同，在未获能精子、获能精子及顶体反应过程中的精子中会出现不同的荧光强度，可以用 CTC 来检测精子获能和顶体状态。Hoechst33258 染色与碘化丙啶（PI）染色相结合，可鉴别死精子、获能精子和发生顶体反应的精子。

配子结合试验可用于评价精子功能。半透明带、透明带结合试验等方法可用于研究精子的受精能力和受精过程，也可判断公犬的生育能力及评价精液保存方法的效果。

精子在获得受精能力前会发生一系列的生理生化、分子和代谢的变化，除了以上几项检测技术，还可以利用生物化学手段、分子生物学等技术进行检测，包括精子耗氧量测定、精液的细菌学检查以及利用荧光染色对精子线粒体功能、顶体完整性、精子获能状态、细胞内 $Ca^{2+}$ 浓度及精子核染色质结构等进行分析。这些检测技术有助于对精子生物学及精子低温损伤进行更深入的了解。

## 第三节

## 精液的稀释

精液的稀释是指在精液中加入一定量特定配方的稀释液，确保能维持精子存活，保持受精能力。精液稀释的目的是扩大精液的容量，维持精液的渗透压，适当补充精子存活所需要的营养，抑制微生物活性，延长精子寿命，提高一次射精可配母犬数，便于精液的保存和运输等。

## 一、稀释液的成分及作用

精液稀释液一般都含有多种成分，每种成分往往具有多种功能。按其组成及功能，大致分为以下几类。

### （一）营养物质

主要是补充精子在代谢过程中的能量消耗。由于精子在体外只能单纯地分解营养物质，不能通过同化作用将外源物质转变成自身成分。为补充精子的能量消耗，常在稀释液中加入葡萄糖、果糖、乳糖等糖类以及奶粉、卵黄等物质。

### （二）缓冲物质

主要对精子起保护作用，降低外界环境因素对精子的影响。精子保存过程中，精子代谢会产生乳酸堆积，造成精液pH下降，达到一定程度后会影响精液品质，甚至导致精子死亡，因此应在稀释液中加入一定的缓冲剂以维持稳定的pH。常用的缓冲剂有柠檬酸钠、磷酸二氢钾、乙二胺四乙酸（EDTA）和三羟甲基氨基甲烷（Tris）等。其中Tris除了对精子代谢、酸中毒和酶活性具有良好的缓冲外，还有抗冷刺激的作用。

### （三）抗冻物质

在精液保存过程中，常常需要低温处理，尤其是从

20℃降至0℃，因精子内含有缩醛磷脂，在低温下容易凝结，不能被精子所利用，容易对精子造成不可逆的冷休克而丧失活力。卵黄和奶类因含有卵磷脂，融点较低，在精液降温过程中可以保护精子，防止精子冷休克。在精液冷冻过程中，精子内外环境中的水从液态变为固态，对精子造成危害，所以要在稀释液中加入抗冻保护剂。理想的抗冻保护剂具备3个特征：能快速渗入精子细胞内；对温度依赖性小；对精子毒性小。稀释液中往往会添加甘油、二甲基亚砜（DMSO）等抗冻保护剂来降低冰点，增强精子的抗冻能力，防止大冰晶形成。

甘油是一种高渗透性的多羟基醇，可以降低稀释液的渗透压，是冷冻稀释液配方中最常用的抗冻保护剂。另一方面，甘油在一定程度上会降低精子的受精能力，过高浓度的甘油对精子也会产生毒副作用，包括影响精子质膜，造成精子顶体及颈部受损、尾部弯曲，破坏某些酶系统，改变稀释液渗透压等，最终影响受胎率。不同种畜对甘油的敏感性不同，一般牛冷冻稀释液中添加甘油浓度为5%～7%，猪和绵羊为1%～3%，犬为2%～10%，具体浓度与精液的稀释倍数和稀释方式相关。一般来说，甘油的最终浓度达到2%～5%（体积分数）时就足以保护精子经受快速冷冻，同时对精子的毒害作用也最小。甘油的浓度从2%～10%（体积分数）不等，因犬种、保存方法、添加方法不同而有差异。冷冻稀释过程中，可以一步法，也可以两步法添加甘油。两步法稀释操作时，第一步先添加不含甘油的稀释液，低温平衡后，再添加含甘油的稀释液平衡，减少甘油对精子的损伤。另一个需要注意的问题是加入冷冻保护剂时的温度，即在室温（22～25℃）还是低温（4℃）加入，一般建议在低温（4℃）时加入。

### （四）抗菌物质

在采精和精液处理过程中，精液难免会受到细菌等微生物的污染，精液和稀释液又是良好的微生物培养基，会竞争性消耗营养物质，产生有害代谢产物，影响精子活性，甚至在输精过程中感染母犬生殖道，影响受精过程和胚胎发育。卵黄也能传播疾病，在使用卵黄时，应选用无特异病原体的鸡蛋。为防止微生物污染，稀释液中一般会加入抗菌药物，常用的抗菌药物有青霉素、链霉素、氧氟沙星、头孢呋辛钠等。

### （五）其他添加剂

多种酶类、激素类、维生素类有助于调节和改善精子所处环境的理化特性以及母犬生殖道的生理机能，也有助于提高受精机会，促进合子发育。精液冷冻保存最早使用脱脂乳，近年来人们多采用 Tris-柠檬酸-果糖为稀释液，也有用葡萄糖代替果糖进行改良的稀释液，非渗入性的蔗糖或乳糖也具有较好的维持渗透压效果。在Tris-柠檬酸钠稀释液中加入表面活性剂十二烷基磺酸钠能明显延缓精子解冻后的寿命。在稀释液中添加大分子聚合物，如表面活性剂聚乙烯吡咯啉（polyvinyl pyrrolidone）、Orvus ES-Paste 和 Equex STM-paste 等，在精液降温、冷冻解冻过程中对精子具有保护作用。在猪的精液低温保存中，磷脂酰丝氨酸比卵磷脂效果好，但是在犬精液冷冻过程中，一般均以卵黄作为冷冻保护剂，尚不清楚卵黄中除卵磷脂外，其他成分对精子是否起保护作用。常用的犬精液冷冻保存稀释液配方见表 7-1。

表 7-1　犬精液冷冻保存稀释液配方（卵黄-Tris-果糖液）

| 成分 | 含量 |
| --- | --- |
| Tris | 3.025g |
| 果糖 | 1.25g |
| 柠檬酸 | 1.7g |
| 卵黄 | 20ml |
| 甘油 | 5ml |
| 加水至 | 100ml |

注：每 100ml 稀释液加 10 万 IU 青霉素钠和 0.1g 硫酸链霉素。

## 二、稀释液种类与配制

### （一）稀释液的种类

稀释液根据其性质和用途大致分为三类。

（1）即用型稀释液　适用于采精后立即输精，以单纯的扩大精液容量、增加输精母犬头数为目的，可以用于阴道脱出、阴道狭窄等有生殖障碍或本交困难的母犬进行输精。这类稀释液的成分一般相对简单，主要以等渗的糖类和卵磷脂类为主。

（2）冷藏保存稀释液　适用于精液冷藏（4℃）保存，主要以卵黄、奶类为主，抗冻剂含量较少，一般不含有甘油。犬冷藏保存的稀释液分为短效和长效保存稀释液。短效稀释液可以在3～5d内保存精液；长效稀释液可以在10d内保存精液。根据精液使用计划，确定适合的精液稀释液种类。无论使用哪种稀释液，随着保存时间的延长，精子活力会逐渐下降，直至为零。

（3）冷冻保存稀释液　适用于精液超低温冷冻保存（－79℃或－196℃），一般含有甘油或DMSO等抗冻物质，适用于精子的长期保存。

## （二）稀释液的配制

配制稀释液时，需遵循以下基本原则：配制稀释液的所有仪器设备需进行彻底消毒，使用前还需用稀释液冲洗数次；配制稀释液的药品、原料一般选用化学纯或分析纯，溶解过滤后要消毒；所用的蒸馏水或超纯水需新鲜；卵黄取自新鲜鸡蛋，最好是无特定抗原的鸡蛋，使用前鸡蛋外壳用75％酒精消毒。稀释液中的缓冲成分需要时间来平衡稳定，所以稀释液最好在配制完1h后使用。稀释液必须保持新鲜，现配现用，如隔日使用或短期保存，必须严格灭菌，密封，4℃保存。卵黄、抗生素、激素、酶等物质在使用前添加。市场上有商品化的犬精液稀释液，一般都是在4℃冰箱中保存。商品化稀释液使用方便，质量稳定，已经得到广泛的应用。

## 三、精液稀释方法

精液在稀释前，需检查其活力和密度、确定稀释倍数。精液稀释因稀释液的种类不同，稀释方法略有不同。

精液冷冻保存分一步法稀释和两步法稀释，一步法只使用一种稀释液，稀释液中含有甘油等抗冻物质；两步法的稀释液分为Ⅰ液和Ⅱ液，第一步稀释加入不含有甘油的Ⅰ液，第二步稀释加入含有甘油等抗冻物质的Ⅱ液，因为甘油本身对精子有毒副作用的，甘油加入的时间越长，对精子的毒副作用越大。两步稀释法冻精效果相对较好，但是操作时间长、效率低，需要投入更多的人力、时间等。

### （一）原精的准备

精液采集后，尽快进行精液品质检查。经检查合格的精液再进行稀释。需要注意的是，精液从采集到稀释尽量在30min内完成，原精放置的时间越长，精子活力越差，因而精液稀释越早越好。操作过程尽量避免精液温度的反复变化，特别是当室温低于20℃时，精液温度降低过快会对精子造成冷刺激，出现冷休克等现象，不利于精子保存。通常只采集公犬第二段富精子段的精液，也可以采集全部精液，然后离心去上清，加入稀释液重悬精子。

## （二）稀释液的准备

将配制好的稀释液提前放入 34℃ 的水浴锅内进行预热。如需在稀释液中加入卵黄，需先消毒擦净鸡蛋外壳，再敲破蛋壳，取出卵黄，并将卵黄在吸水纸上滚动数圈，确保没有明显的蛋清吸附。用注射器轻刺并挑开卵黄膜，露出一个小口，用注射器吸取适量的卵黄。吸取卵黄时要避免吸入蛋清和卵黄膜系带。将卵黄加入等温的稀释液后，振荡混匀，放入水浴锅内预热备用。

## （三）精液的稀释倍数

精液的稀释倍数与原精密度密切相关，合理的稀释倍数可以提高精子的存活率，但稀释超过一定倍数，精子活率也会随之下降。通常冷藏保存精液的稀释倍数高于冷冻保存；犬精液的稀释倍数一般为 2～4 倍。冻精建议稀释后密度为 0.8 亿～1 亿个/ml。

## （四）精液稀释

根据原精的密度和体积，以及最终需要达到的精液密度，确定稀释倍数，进而确定稀释液的添加量。例如，原精密度 3.3 亿个/ml，体积为 2ml，以 1∶1 的比例添加稀释液的Ⅰ液和Ⅱ液，最终稀释密度为1亿个/ml，则稀释液的添加量＝（原精密度×体积）/最终精子密度－原精体积＝（3.3×2）/1－2＝4.6ml，其中稀释液的Ⅰ液和Ⅱ液分别为2.3ml。添加稀释液时，应沿着杯壁将稀释液缓慢加入精液，稀释时确保稀释液和精液等温。加完后，轻轻晃动试管或烧杯，使之混合均匀，切忌剧烈震荡。如果高倍稀释，可以分次进行，防止精子所处的环境突然改变，造成打击。稀释后的精液在下一步操作前，需进行精液品质检查，如果活力没有变化或者变化不大，再进行分装、保存等操作；如果活力下降明显，说明稀释或者操作不当，不宜继续保存，同时应查找稀释失败的原因。

## 第四节

## 精液的保存与运输

### 一、精液保存

精液保存的目的是为了延长精子的存活时间，并通过运输扩大精液的使用范围。犬精液保存一般分为冷藏保存（4℃）和冷冻保存（－79℃或－196℃），保存的原理是通过降低温度，减少精子的运动和代谢，使精子处于休眠状态；控制精液的 pH 值，使其处于弱酸环境，抑制精子运动，但又不丧失其生命力。

## （一）冷藏保存

精液的冷藏保存一般是将稀释后的精液置于 4℃ 的环境下保存。在低温环境下，精子的代谢率下降，运动减弱，同时混入的微生物的活动也会减弱，繁殖和代谢受到抑制，使精子能保存相对较长的时间。输精时，温度回升到 35℃ 又能逐渐恢复正常的代谢和受精能力。从体温降至 10℃ 以下对精子造成的损伤称为冷休克，不同物种精子抗冷休克的能力不同。马、猫和犬对冷休克不太敏感，牛、绵羊和山羊对冷休克的敏感度处于中等水平，蓝狐的精子对冷休克极为敏感。精子在降温过程中细胞膜发生的理化变化一般认为是不可逆的，也与冷冻过程中发生的变化不同，因此冷休克和冷冻损害是两个完全不同的现象。精子质膜的不可逆变化包括膜的流动性降低，通透性增加，顶体损伤、脱水等，这些变化都会显著影响精子的受精能力。为降低冷休克对精子造成的损伤，一般用含有卵黄、奶类等抗冻物质的稀释液对原精进行稀释，提高精子的抗冷休克能力。

冷藏保存精液时，要严格遵守逐步降温的操作原则，以 0.2℃/min 的降温速度，在 1～2h 内完成降温的全过程。添加稀释液时，应将稀释液缓慢加入精液中，且稀释液要提前在水浴锅预热至与精液等温。若在稀释液中加入卵黄，则卵黄的浓度一般不超过 20%。保存期间温度应维持恒定。可以根据稀释液的种类及精子聚集的情况，每 4～6h 轻微摇晃精液 1 次，以减少精子的沉淀聚集。

冷藏精液的保存时间长短受公犬的精液品质、稀释液成分、稀释后的精子密度、保存温度及精液中的溶氧量等因素的影响。冷藏精液使用前要进行活力检查。

## （二）冷冻保存

精液的冷冻保存一般是指液氮（-196℃）或干冰（-79℃）保存。保存程序主要包括精液的稀释、降温与平衡、冷冻、分装和解冻等。

### 1. 原理

精子在冷冻状态下代谢几乎停止，生命以相对静止的状态被保存下来，一旦升温，又能复苏，且不失去受精能力。复苏后受精能力的关键在于冷冻过程。精子在冷冻解冻过程中可能受到的伤害主要来自两个方面：细胞内大冰晶的形成；细胞内溶质浓度的增加和伴随发生的冷冻过程中细胞脱水引起的变化（溶液效应）。快速冷冻能将溶液效应的伤害减少到最低程度，但可能导致大冰晶的形成。慢速冷冻阻止了大冰晶的形成，但加剧了溶液效应。因此，最佳冷冻速率取决于精子对冰晶伤害和溶液效应毒性的相对忍耐能力。

当细胞悬浮液被冷却到 0℃ 以下时，细胞外冰晶形成，导致尚未结冰的那部分溶液中溶质浓度增加，细胞膜扮演了阻止冰晶向细胞内扩散的屏障。水分子进出细胞的难易程度取决于不同温度下细胞膜的通透性、细胞的表面积-容积比以及冷冻效率。若细胞对水分子的通透性足够高，或冷冻速率足够慢，则压力没有增大，当水分子转移到细胞外结冰时，产生了脱水现象。尽管细胞外冰晶使细胞变形，但不会使细胞膜破裂，产生不可逆的伤害。

冷冻介质中加入甘油、二甲基亚砜（DMSO）等抗冻剂导致溶液在较低的温度结冰，可能阻滞了细胞脱水和由此造成的溶液效应的有害影响。因此，精子可以进行足够慢的冷冻以阻止冰晶形成。需要慢速冷冻以获得较好的存活率的临界温区为 $-60 \sim -4℃$。解冻温度为 $-70 \sim -20℃$。细胞内结冰造成的伤害是由冰晶和解冻期间重结晶或细胞内冰晶融化时对细胞施加的渗透压造成的。

2. 精液的稀释

冷冻精液剂型不同，稀释液的配方不同，稀释倍数和稀释次数也不同。一般采用一步或两步稀释法。

（1）一步稀释法 常用于颗粒冻精，也可用于细管冻精制作。按照精液稀释的要求，将含有抗冻剂的稀释液按照比例一次性加入精液内。

（2）两步稀释法 将原精和稀释液放入 34℃ 水浴锅内保温，把不含有甘油的 I 液缓慢加入精液中。原精精子密度太稀或前列腺液太多时，可以 700g、5min 离心后去掉上清，用Ⅰ液重悬精子。稀释后的精液经 1～2h 后缓慢降温至 4℃，再加入等温的Ⅱ液。通常Ⅰ液和Ⅱ液是等量的。Ⅱ液可以一次性加入也可以分几次加入。

3. 精液的平衡

精液经含有甘油的稀释液稀释后，需要在 4℃下静置一段时间，使甘油充分渗透到精子内，减轻冷冻过程中冰晶化对精子的损害。平衡时间以 2～4h 为宜。

4. 冷冻精液的剂型和分装

冷冻精液的剂型分为颗粒型和细管型。

（1）颗粒型 将 0.1ml 精液滴在液氮冷却的聚乙烯氟板或金属板上，也可以将精液直接滴入干冰洞穴内。这种方法的优点是操作简便、成本低、便于储存，但缺点是剂量不标准，颗粒裸露易污染，不便于标记。

（2）细管型 细管由聚氯乙烯复合塑料制成，分 0.25ml 和 0.5ml 两种型号（图 7-9）。两种型号细管长度均为 133mm，外径分别为 2.0mm 和 2.8mm。犬通常采用 0.25ml 的细管进行分装。细管一端开口，一端由塞柱封口，塞柱总长度为 20mm，两头是棉线塞，中间是封口粉。封口粉化学成分为聚乙烯醇。塞柱遇到水（精液）后，封口粉立刻凝固成凝胶状，使细管一端被"封口"。细管型的冷冻精液每次制作数量多，精液受温均匀，冷冻效果好；体积小，便于大量保存；便于标记管理。犬由于精液量少，所以通常采用单管封装，再用聚乙烯醇粉、钢珠或者超声波封口机封口（图 7-10）。

图 7-9 冻精细管

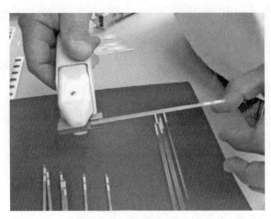

图 7-10 超声波封口机

5.冷冻精液的标记

颗粒型冻精的标记通常是在贮存颗粒冻精的冻存管

及纱布袋上进行标记。细管型冻精则可以通过在细管上激光打印、喷墨打印以及贴标签等方式进行标记，标记内容包括犬的芯片号、品种、生产日期及生产批次等信息（图 7-11）。

图 7-11　标记的细管

6.精液的冷冻

根据剂型和冷源的不同，精液冷冻方法主要分为以下两种。

（1）干冰冷冻法　以干冰为冷源。制备颗粒冻精时，提前把干冰放入泡沫盒内，用模具在干冰上压孔，把精液定量滴入干冰孔内，再用干冰封埋 2～4min，收集冻精放入液氮或干冰内贮存。制备细管冻精时，将分装的细管精液铺于压实的干冰面上，迅速覆盖干冰，2～4min 后，将细管移入液氮或干冰内贮存。

（2）液氮熏蒸法　以液氮为冷源，通过调整距液氮面的距离、降温速率等进行精液冷冻。

制作颗粒冻精。在装有液氮的泡沫盒或广口瓶上放一铜纱网或纱布，至距离液氮面 1～3cm 处预冷 5min，使其温度维持在 −100～−80℃，然后滴入精液，每滴

0.1ml，停留 2～4min，当精液颜色变白时，将颗粒精液移入液氮中。滴冻时动作要迅速，尽可能防止精液温度回升，颗粒大小要均匀。

制作细管冻精。细管冻精制作分为静止的液氮熏蒸和流动的液氮熏蒸两种。

静止的液氮熏蒸原理是：利用细管精液和承载系统（金属架、网、框等）与液氮及液氮蒸气间的温差，间接地使液氮气化吸热而使精液降温结冰。盛有液氮的容器在液氮面和容器口平面之间会自然形成温度差，离液氮面越近，温度越低。可以通过调节细管精液与液氮面的距离控制降温速率，或者固定于离液氮面某个高度进行熏蒸冷冻。仅仅依靠冷冻架及细管精液距离液氮面的高度进行降温速率的控制是粗略的。具体程序为：取一个泡沫盒或广口容器，倒入液氮，液氮面放置一个可调高度的浮架，在距离液氮面 1～5cm 处预冷 5～10min，然后将平衡后的细管精液放至浮架上，熏蒸 10～20min，再将冷冻后的细管精液投入液氮中（图 7-12）。

流动的液氮熏蒸原理是：在静置液氮蒸气传热的基础上，通过控制液氮蒸气的产生量，调节热交换的速度，控制细管精液的冷冻速率。该方法需要精密的机械装置与计算机控制装置的配合，精确地控制降温速率。如程序冷冻仪，可以通过设置不同的降温程序来控制液氮喷出来的速率、降温时间以及终点温度（图 7-13）。不同品种、个体的犬对冷冻的耐受性不同，不同稀释液适合的冷冻程序也有所差异，尚没有理想的冷冻速率。Sreedhar

图 7-12　液氮熏蒸法冻精制作

等用差量扫描量热法测定了比格猎犬精液在冷冻过程中一系列热参数的变化，推测最理想的冷冻速率应该是 $10\sim30℃/min$。实验室常用的冷冻程序为：$5\sim-10℃$，$-3℃/min$；$-10\sim-100℃$，$-40℃/min$；$-100\sim-140℃$，$-20℃/min$，投入液氮（图 7-14）。

图 7-13　程序冷冻仪

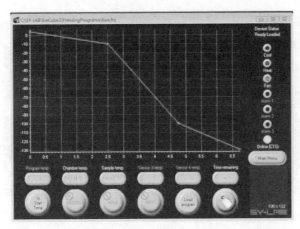

图 7-14　程序冷冻法冷冻曲线

7.冻精的解冻

解冻是使用冷冻精液的重要环节。解冻应像冷冻一样，必须迅速通过精子的冰晶化温度区，才不会损害精子。快速的冷冻需要快速的解冻来恢复渗透压和精子的质膜结构。因剂型的不同，解冻方法也不尽相同，实践中以 30～40℃水浴解冻操作为宜。颗粒冻精解冻可将颗粒冻精放入试管中，在 37℃水浴锅中不停摇晃试管，待冻精即将全部溶解后取出试管。细管冻精解冻可将细管冻精取出投入 37℃水浴锅中 1min，期间需晃动细管，待完全解冻后取出细管，擦干水渍，剪去两头封口端，将精液倒入试管中备用（图 7-15）。

8.冻精的保存

存入液氮罐的冻精做好标记，需记录每份冻精的犬名、品种、生产日期、精子活力、密度、数量等信息。

图 7-15　精液解冻

细管冻精取用时，细管离开液氮罐口的时间不要超过 5s。液氮罐应放置在干燥、凉爽通风的房间内，由专人负责，每周检查一次罐内的液氮量，发现不足时要及时添加液氮。如果发现液氮罐外壳有小水珠或者液氮消耗过快时，说明液氮罐的保温性能变差，应及时更换（图 7-16）。

图 7-16　冻精的保存

## 二、精液运输

### （一）冷藏精液的运输

冷藏精液在运输过程中温度要始终控制在 4℃ 左右。如果通过汽车运输，可以用车载恒温箱（图 7-17）保温，车载恒温箱能依靠汽车蓄电池持续供电，所以不受环境温度影响，在有效保存时间内精液质量受影响小，但运输成本较高。如果通过乘坐火车携带或物流运输，可用泡沫箱保温，泡沫箱里面放 2～3 个 400ml 冰袋，装精液的离心管用 6 层纱布包裹好，放在冰袋中间，再把泡沫箱密封好（图 7-18）。要根据环境温度情况，来调整保温箱的大小、冰袋的数量、精液的摆放位置等，使箱内的温度在 1～2d 保持在 4℃ 左右。泡沫箱运输成本低，方便便捷，但不可控因素较多，精液质量易受影响。需要注意的是使用车载恒温箱或泡沫箱运输时，需提前预冷到 4℃ 左右再放入精液。

### （二）冷冻精液的运输

冻精的运输是将冻精保存在液氮罐中进行运输。因液氮属于危险品，应选择专业的物流公司进行运输。运输过程中要避免液氮罐侧翻、液氮外溅等情况的出现，可以用木板、泡沫等材料固定。市场上也有一种吸附式液氮罐，灌入液氮后，液氮会被侧壁海绵吸附，侧翻时

不会有液氮溢出，能降低运输风险，适用于航空运输等
长途运输。

图 7-17　车载恒温箱

图 7-18　冷藏精液运输盒

## 第五节

# 输精

输精是指将精液通过输精器械输入到发情母犬的生殖道内，以达到妊娠目的的技术操作，也是确保获得较高受胎率的重要环节。

## 一、输精前的准备

### （一）输精器械的准备

输精使用的各种器械必须彻底清洗和消毒。玻璃和金属器械清洗干净后，可用高压灭菌锅消毒或蒸煮消毒；输精管最好一头母犬一支，必须重复使用时，需先把管外壁擦拭干净，再用酒精棉球擦拭消毒，最后用生理盐水或灭菌水冲洗至无酒精残留；其管腔内先用灭菌生理盐水冲洗干净，再用稀释液冲洗后方可使用。

### （二）母犬的准备

母犬取站立保定，将尾巴拉向一侧，先用生理盐水对阴门、会阴及尾部冲洗，再用消毒纸巾擦干。

### （三）精液的准备

输精剂量和输入的有效精子数应根据母犬的品种、年龄、胎次等生理状况以及精液的类型来确定。体型大、经产母犬可适当增加输精量。通常冷藏精液比冷冻精液输精量多。超数排卵处理的母犬比自然发情的母犬输精量多。输精部位与受胎率有关，犬子宫内输精会高于阴道内输精的受胎率。研究表明，阴道内鲜精输精，至少需要 1 亿个前进运动精子，才能获得本交的受胎率；子宫内输冷冻精液需要 1 亿～1.5 亿个前进运动精子才能保证受胎率。

### （四）输精人员的准备

输精人员身着工作服，手消毒后戴上输精专用手套进行操作。

## 二、输精方法

根据输精的部位不同，可分为阴道内输精法和子宫内输精法。

### （一）阴道内输精

阴道内输精简便易行，使用的输精器械通常有两种，一种是输精细管（图 7-19）；另一种是模仿公犬阴茎的仿生输精枪（图 7-20）。输精细管输精时让母犬尽量保持前低后高的站立姿势，把输精细管插入母犬阴道至不能再前进时，注射入精液，拔出输精细管后用手指插入母犬阴道，同时按摩母犬阴蒂，激发母犬性欲，以促使阴道收缩和子宫颈口张开，让精液能够流入母犬子宫。仿生输精枪侧壁有一个硅胶气囊，充气后，可膨胀变大，模仿公母犬锁结，在阴道内形成负压，把精液泵入子宫内，效果好于输精细管。阴道内输精适用于鲜精、冷藏精液的输精，其输精受胎率比子宫内输精要低。

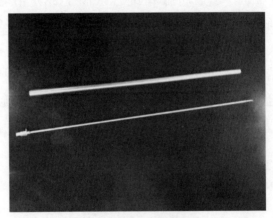

图 7-19　输精细管

## （二）子宫内输精

子宫内输精通常需使用可视化输精设备才能快速准确地将精液输入子宫内（图 7-21）。具体操作时，让母犬自然站立在输精台上，将输精枪斜向上 45°插入母犬阴道，在可视化设备的支持下，找到子宫颈口并锁定位

图 7-20 仿生输精枪

置（图 7-22），然后将输精细管（图 7-23）沿着输精枪的工作通道插入子宫颈约 5cm，再将精液通过输精细管注入母犬子宫内。输精完成后最好过 2min 再拔出输精枪，给精液流入子宫角一定的时间，也能防止精液黏附在输精枪上被带出。输精枪拔出后抬高母犬后躯 3～5min，以防止精液回流。冻精输精必须要采用子宫内输精。

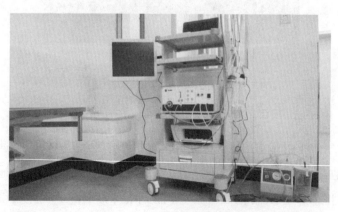

图 7-21 可视化输精设备

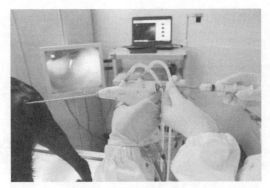

图 7-22　子宫内深部输精

图 7-23　子宫内输精细管

# 第八章

犬人工授精实验室建设

犬人工授精实验室是进行犬的采精、精液品质检查、稀释、保存及输精等操作的场所。实验室建设过程中，在严格遵守《中华人民共和国畜牧法》《中华人民共和国动物防疫法》等相关法律及规章制度前提下，还应充分坚持实用性原则，在平面设计、布局、供电、供水、通风、空气净化、环境保护及安全等方面均要充分考虑。实验室的设计要科学合理，相互影响的区域应有效隔离，互不干扰，各类仪器设备摆放要符合工作流程，从而来提高工作效率、保障检验质量及防止样品交叉污染。

# 第一节

## 实验室室内设计

实验室根据功能区域划分，可以设置预处理室、采精室、输精室、质检室、精液处理室、精子库、消毒室和配套的更衣室、档案室、办公室、卫生间等。

## 一、预处理室

预处理室同时与采精室和输精室相连，室内环境温度、湿度与采精室或输精室基本一致。预处理室是对要采精的公犬或要输精的母犬进行犬体清洁（灰尘、杂毛、皮屑等）的场所，主要目的是减少对采精室或输精室的灰尘、微生物污染并降低犬的应激。主要器械包括剃毛刀、高锰酸钾、盆、毛巾等。建议安装空调，保证预处理室温度适宜。设通风设备。每次实验结束后，要及时进行清洁和消毒。

## 二、采精室

采精室一般与质检室相连，便于精液传递。采精室和质检室之间的墙为封闭的实体墙或玻璃墙，中间设置传递窗，防止采精室的灰尘、微生物污染质检室，降低精液的污染风险。采精室设置实验台面和水槽，便于器械耗材的摆放和清洗。建议安装空调，保证采精时温度适宜。备有电热鼓风干燥箱、水浴锅等设备，便于采精器械使用前的预热和保温。设通风设备。每次采精结束后，要及时对采精室及传递窗进行清洁和消毒。

## 三、输精室

输精室需要设置两个出入通道，一个通道与预处置室相通，便于犬和牵犬保定人员进出，另一通道与实验室中心区域相通，方便技术人员进出。为保证母犬不受到惊吓，环境要相对安静。实验室设置实验台面和水槽，便于清洁消毒。安装空调，保证输精时室内温度适宜。根据输精方式的不同，输精使用的仪器设备也会有所差异。常备设备有保定台、各类输精器械、水浴锅等。部分仪器设备占用空间较大，需充分考虑落地设备和实验台面仪器的摆放空间和操作空间，预留足够数量的插座。定期采用紫外线灯或臭氧仪对输精室进行消毒。

## 四、质检室

质检室对环境洁净度要求最高，最好能建设成 A 级及以上洁净区，减少环境中的微生物和杂质，降低精液污染的风险。采精室和质检室通过传递窗传递精液。质检室设备有相差显微镜、恒温加热台、精液密度仪、离心机、水浴锅和冰箱等，需要预留足够的操作台面、落地设备的空间和人员操作空间。在实验前和实验结束后，要进行全面消毒。质检室最好配有空调，控制环境温度，以利于精液的检查。

## 五、精液处理室

精液处理室是对精液进行保存处理的场所，往往与质检室合并或相连。原精质检合格后，可直接输精，也可以进行稀释、分装、保存等处理。精液处理室和质检室一样，对环境洁净度要求比较高，操作中，任何步骤的污染都会影响保存的精液品质。有冻精生产的实验室最好建设成 A 级及以上洁净区，减少环境中微生物和杂质，降低精液的污染风险。精液处理室的设备包括相差显微镜、恒温加热台、水浴锅、涡旋仪、细管打印机、封口仪、超净工作台、冰箱、除湿机和空调等。贵重仪器较多，需要预留足够的插座、操作台、落地设备的空间及人员操作空间。在实验前和实验结束后，要进行全面消毒。

## 六、精子库

精子库是用液氮罐冷冻保存精液的场所，要保持避光、通风、干燥，以避免液氮蒸发过快。要定期检查液氮罐内液氮容量，液氮量低于样品存放要求时，及时补充液氮。设通风设备。冷冻精液入库时，及时记录犬名、芯片号、品种、精液品质、数量及生产日期等信息。冷冻精液出库时，需记录使用日期、用途、数量、使用人等信息。定期对精子库进行盘点，做到账物相符。

## 七、消毒室

消毒室分为人员消毒室和器械消毒室。

人员消毒指外来人员进入实验室前，需进行消毒。消毒方式可以根据实际情况选择，常规的消毒方式包括风淋、喷雾消毒等。消毒后进入更衣室，更换工作服和鞋子。

器械消毒室主要是对实验器械、工作服等进行清洗消毒。通常配备超声波清洗仪、高压灭菌锅、电热鼓风干燥箱、洗衣机等设备，需要预留较多的进出水口供消毒设备使用。

## 八、更衣室

工作人员进入实验区域，尤其是进入对洁净度要求较高的精液质检室和处理室要进行消毒，更换洁净的工作服和鞋子。

## 九、档案室

档案室要保持整洁干燥，严禁吸烟和放置易燃、易爆、易引鼠入室的物品。建立健全实验室各类档案，以利于全面分析、总结实验结果，跟踪设备使用情况，为实验室决策提供科学可靠的依据。凡是实验室运行时形成的具有研究价值的文件材料均属于归档范围。

## 第二节

## 实验室仪器设备

实验室基本仪器设备包括精液检查设备、精液稀释分装设备、精液保存设备、输精设备及环境消毒设备等。具体明细见表 8-1～表 8-6。

表 8-1　人工授精实验室所需器械、药品和用具

| 序号 | 品名 | 备注 |
|---|---|---|
| 1 | 精液分析系统 | 包括相差显微镜和计算机分析软件器 |
| 2 | 保定输精台 | 保定输精台面 |
| 3 | 数显恒温水浴锅 | 双列四孔,单列单孔 |
| 4 | 生物显微镜 | 带电光源 |
| 5 | 电热鼓风干燥箱 | 耗材烘干和预热 |
| 6 | 恒温载物台 | 加热玻片 |
| 7 | 电子天平 | 精度 0.001g |
| 8 | 密度测定仪 | 精液密度测定 |
| 9 | 程序冷冻仪 | 精液冷冻 |
| 10 | 内窥镜输精系统 | 子宫内输精使用 |
| 11 | 磁力搅拌器 | 稀释液配制过程中混匀 |
| 12 | 蒸馏水仪或超纯水仪 | 配制稀释液、配制缓冲液等用水 |
| 13 | 高压灭菌锅 | 设备耗材消毒 |
| 14 | 超声波清洗仪 | 耗材清洗 |
| 15 | 涡旋仪 | 稀释液混匀 |
| 16 | 臭氧仪 | 环境消毒 |
| 17 | 紫外线消毒车 | 环境消毒 |
| 18 | 离心机 | 精液或血液离心 |
| 19 | 超低温温度计 | 量程 -196～100℃ |
| 20 | pH 计 | 量程 0～14 |

续表

| 序号 | 品名 | 备注 |
|---|---|---|
| 21 | 冰箱 | 双开门冰箱 |
| 22 | 移液器 | 多种规格 |
| 23 | 液氮罐 | 可选吸附式、30L、15L、广口及细口等多种规格 |
| 24 | 仿生输精枪 | 可使用一次性塑料或硅胶制品 |
| 25 | 输精细管 | 可使用一次性塑料或硅胶制品 |
| 26 | 采精漏斗 | 玻璃或塑料材质 |
| 27 | 集精试管 | 一般 10~15ml,尖头 |
| 28 | 润滑剂 | 输精润滑 |
| 29 | 温度计 | 量程 0~100℃ |
| 30 | 酒精灯 | 消毒、玻片烘干等 |
| 31 | 玻璃容量瓶 | 多种规格 |
| 32 | 玻璃量杯 | 多种规格 |
| 33 | 玻璃量筒 | 多种规格 |
| 34 | 滤纸 | 称量、过滤 |
| 35 | 载玻片 | 无磨砂和单面磨砂 |
| 36 | 盖玻片 | 24mm×24mm |
| 37 | 试管 | 1.5ml、2ml、5ml、15ml 等多种规格 |
| 38 | 玻璃棒 | 高硼硅,多种长度规格 |
| 39 | 洗瓶 | 500ml |
| 40 | 红细胞计数板 | 用于精液密度检测 |
| 41 | 手握计数器 | 手持式,机械计数器 |
| 42 | 计时器 | 可定时响铃 |

| 序号 | 品名 | 备注 |
|------|------|------|
| 43 | 镊子 | 长度 20cm、35cm 等多种规格 |
| 44 | 剪刀 | 直头 |
| 45 | 广口保温饭盒 | 可盛放液氮,盒内深度 20cm 以上 |
| 46 | 药勺 | 塑料或不锈钢材质均可 |
| 47 | 试管刷 | 多种规格 |
| 48 | 擦镜纸 | 擦拭显微镜镜头 |
| 49 | 松柏油 | 清洁油镜 |
| 50 | 纱布 | 医用 |
| 51 | 脱脂棉 | 医用 |
| 52 | 工作服 | 根据实际情况选择大小码及长短袖规格 |
| 53 | 细管 | 0.25ml 耐液氮冷冻 |
| 54 | 拇指管 | 耐液氮冷冻 |
| 55 | 细管架 | 摆放细管 |
| 56 | 一次性口罩 | 医用口罩 |
| 57 | PE 手套 | 加厚 |
| 58 | 无粉无胶手套 | 独立包装,多种规格 |
| 59 | 洗耳球 | 清洁设备 |
| 60 | 细管剪刀 | 用于剪冻精细管 |
| 61 | 枪头 | $10\mu l$、$100\mu l$、$1000\mu l$ 及 $5000\mu l$ 等多种规格 |
| 62 | 枪头盒 | $10\mu l$、$100\mu l$、$1000\mu l$ 及 $5000\mu l$ 等多种规格 |

| 序号 | 品名 | 备注 |
|------|------|------|
| 63 | 铝制饭盒 | 多种规格 |
| 64 | 试管架 | 多种规格 |
| 65 | 浮漂 | 含 1.5ml 离心管孔 |
| 66 | 采血管 | 根据需求选择含或者不含抗凝剂 |
| 67 | 采血针 | 0.7mm×25mm |
| 68 | 棉签 | 12～15cm 长 |
| 69 | 玻片盒 | 可装 100 片或 50 片染色玻片 |
| 70 | 染色架 | 上皮细胞染色 |
| 71 | 搪瓷盘 | 放实验用品 |
| 72 | 牛皮纸 | 高压消毒包装 |
| 73 | 75％酒精 | 消毒 |
| 74 | 高锰酸钾 | 消毒 |
| 75 | 碘酊 | 消毒 |
| 76 | 新洁尔灭 | 消毒 |
| 77 | 精液冷藏稀释液 | 精液稀释保存 |
| 78 | 精液冷冻稀释液 | 精液稀释保存 |
| 79 | 精液解冻保护液 | 精液解冻保护 |
| 80 | 精子快速染色剂 | 精子染色 |
| 81 | 姬姆萨染液 | 精子染色 |
| 82 | 伊红-苯胺黑染料 | 精子染色 |
| 83 | 发情记录本 | 犬发情记录 |
| 84 | 人工授精记录本 | 犬人工授精记录 |
| 85 | 精液品质检测记录本 | 犬精液品质检测记录 |

| 序号 | 品名 | 备注 |
| --- | --- | --- |
| 86 | 精液保存记录本 | 犬精液保存记录 |
| 87 | 记号笔 | 样品标记 |

表 8-2　预处置室基础设备及耗材

| 序号 | 名称 | 用途 |
| --- | --- | --- |
| 1 | 保定架 | 保定犬 |
| 2 | 不锈钢盆 | 清洗采精装置 |
| 3 | 高锰酸钾 | 清洗犬体 |
| 4 | 洗衣粉 | 清洁毛巾 |
| 5 | 毛巾 | 擦洗公犬外生殖器 |

表 8-3　采精室基础设备及耗材

| 序号 | 名称 | 用途 |
| --- | --- | --- |
| 1 | 数显电热鼓风干燥箱 | 预热采精装置 |
| 2 | 水浴锅 | 精液存放 |
| 3 | 采精漏斗 | 精液采集 |
| 4 | 采精试管 | 精液采集 |
| 5 | 采精袋 | 精液采集 |
| 6 | 毛巾 | 擦洗公犬外生殖器 |
| 7 | 试管架 | 采精试管存放 |
| 8 | 记号笔 | 精液标记 |
| 9 | 不锈钢盆 | 清洗采精装置 |
| 10 | 消毒液 | 清洗采精装置 |
| 11 | 洗衣粉 | 清洁采精装置 |

## 表8-4　质检室基础设备及耗材

| 序号 | 名称 | 用途 |
|---|---|---|
| 1 | 精液分析系统 | 精液分析 |
| 2 | 生物学显微镜 | 精子畸形观察 |
| 3 | 水浴锅 | 精液存放 |
| 4 | 精子快速染色剂 | 精子畸形率评估 |
| 5 | 密度测定仪 | 精子密度评估 |
| 6 | 电子天平 | 精液量评估 |
| 7 | 恒温加热台 | 玻片加热 |
| 8 | 密度检测板 | 密度测定仪的耗材 |
| 9 | 试管架 | 1.5ml、15ml离心管试管架 |
| 10 | 浮漂 | 水浴锅内精液及稀释液预热 |
| 11 | 离心管 | 1.5ml、15ml离心管 |
| 12 | 精液稀释液 | 在精子密度过大时,可稀释后观察 |
| 13 | 微量移液器 | 活力检测、密度检测、稀释操作取样 |
| 14 | 铝制饭盒 | 存放消毒后的离心管及其他耗材器械 |
| 15 | 载玻片 | 用于活力检测 |
| 16 | 盖玻片 | 用于活力检测 |
| 17 | 移液器吸头 | 与微量移液器枪头配套使用 |
| 18 | 移液器吸头盒 | 与微量移液器枪头配套使用 |
| 19 | 记号笔 | 样品标记 |
| 20 | 细管剪 | 剪冻精细管 |
| 21 | 精液品质记录本 | 精液品质检测结果记录 |

## 表 8-5　精液处理室基础设备及耗材

| 序号 | 名称 | 用途 |
|---|---|---|
| 1 | 精液分析系统 | 精液分析 |
| 2 | 精子快速染色试剂盒 | 精子畸形率评估 |
| 3 | 精液密度测定仪 | 精子密度评估 |
| 4 | 电子天平 | 精液量评估 |
| 5 | 恒温加热台 | 玻片加热 |
| 6 | 密度检测板 | 密度测定仪的耗材 |
| 7 | 涡旋仪 | 稀释液混匀 |
| 8 | 超净工作台 | 精液稀释、分装等操作 |
| 9 | 手动分装仪 | 精液分装 |
| 10 | 磁力搅拌器 | 稀释液配置 |
| 11 | 冰箱 | 平衡及低温操作 |
| 12 | 细管打印机 | 细管标记 |
| 13 | 液氮罐 | 冻精贮存 |
| 14 | 程序冷冻仪 | 精液冷冻 |
| 15 | 量杯 | 稀释混匀 |
| 16 | 水浴锅 | 精液预热和保温 |
| 17 | 剪刀 | 剪标签或细管等 |
| 18 | 浮漂 | 水浴锅内精液及稀释液预热 |
| 19 | 细管剪刀 | 细管冻精解冻后剪细管 |
| 20 | 试管架 | 1.5ml、15ml 离心管试管架 |
| 21 | 离心管 | 精液解冻或稀释 |
| 22 | 微量移液器 | 活力检测、密度检测、稀释、分装等操作 |
| 23 | 移液器吸头 | 微量移液器配套使用 |
| 24 | 移液器吸头盒 | 移液器吸头配套使用 |

| 序号 | 名称 | 用途 |
|---|---|---|
| 25 | 铝制饭盒 | 装消毒的离心管等耗材器械 |
| 26 | 细管 | 精液分装 |
| 27 | 拇指管 | 细管分装 |
| 28 | 载玻片 | 活力检测 |
| 29 | 盖玻片 | 活力检测 |
| 30 | 长柄镊子 | 夹取精液细管 |
| 31 | 细管架 | 精液冷冻过程中细管摆放 |
| 32 | 保温盒 | 装液氮,适用于冷冻精液转移 |
| 33 | 纱布袋 | 冻精保存 |
| 34 | 冻存管 | 存放颗粒冻精 |
| 35 | 精液保存操作记录本 | 对精液保存过程及结果进行记录 |
| 36 | 记号笔 | 样品标记 |

表 8-6　输精室所需基础设备及耗材

| 序号 | 名称 | 用途 |
|---|---|---|
| 1 | 保定输精台 | 用于母犬保定输精 |
| 2 | 内窥镜输精系统 | 适用于阴道内和子宫内输精 |
| 3 | 输精细管 | 配合输精系统使用的耗材 |
| 4 | 仿生输精枪 | 适用于阴道输精 |
| 5 | 注射器 | 精液注射,配合输精细管或阴道输精细管使用 |
| 6 | 水浴锅 | 精液存放 |
| 7 | 移液器 | 精液及稀释液等吸取 |
| 8 | 纱布 | 器械及母犬清洁和消毒 |
| 9 | 搪瓷盘 | 放置洁净耗材 |

| 序号 | 名称 | 用途 |
|---|---|---|
| 10 | 长柄镊子 | 夹取冻精等操作 |
| 11 | 记号笔 | 样品标记 |
| 12 | 润滑剂 | 输精细管等润滑 |
| 13 | 生理盐水 | 器械清洁 |
| 14 | 酒精 | 器械及耗材消毒 |
| 15 | 脱脂棉 | 器械及耗材消毒 |

## 第三节

## 实验室的消毒灭菌

### 一、常用的消毒方法

常用的消毒灭菌方法包括物理方法和化学方法两大类，其中物理方法又分为干热灭菌法、湿热灭菌法和射线杀菌法等，化学方法分为消毒剂灭菌法和抗生素灭菌法两大类。

干热灭菌法是指利用恒温干燥箱 $120 \sim 150℃$、$90 \sim 120 min$，杀死细菌和芽孢。也可用酒精灯灼烧金属器具和玻璃器皿口缘进行补充灭菌。

湿热灭菌法是目前最常用的一种灭菌方法，它利用高压蒸汽环境中存在的潜热作用和良好的穿透力，使菌体蛋白质凝固变性从而使微生物死亡，适合于工作衣、各类器皿、金属器械、胶塞、蒸馏水、棉塞、纸以及一些培养液的灭菌。高压蒸汽灭菌器的蒸汽压力一般调整为 $1.0\sim1.1\mathrm{kg/cm^2}$、维持 $20\sim30\mathrm{min}$ 即可达到灭菌效果，蒸汽灭菌后要及时烘干水分。缺点是对培养基或者溶液灭菌时，灭菌时间与培养基或者溶液的体积密切相关，时间太短达不到灭菌的效果，时间太长又会破坏培养基里面的化学物质。

射线杀菌法主要利用紫外线进行杀菌。紫外线是一种低能量的电磁辐射，通过对微生物核酸及蛋白质的破坏作用使其灭活。适用于实验室空气、地面、操作台的灭菌。紫外线灭菌不能边照射边操作，因为紫外线可能会对试剂产生不良影响，同时对皮肤也会有一定的伤害。使用紫外线进行空气消毒时，灯管必须保持清洁，每周用酒精擦拭，定期检查紫外线灯辐射强度，累积使用时间超过 $1000\mathrm{h}$，照射强度低于 $70\mu\mathrm{W/cm^2}$ 时不得使用；消毒时必须关闭门窗，照射时间≥$30\mathrm{min}$。

化学消毒剂消毒法主要针对不能使用物理方法进行消毒灭菌的物品、空气、环境、实验器械、工作台面等。常见的化学消毒剂包括甲醛、高锰酸钾溶液、$70\%\sim75\%$ 乙醇、过氧乙酸、过氧化氢、阴离子复合物、环氧乙烷、碘伏碘酊等。在使用时应注意安全，特别是用在皮肤或者在实验材料上的消毒剂，需选择合适的种类、浓度和处理时间才能达到安全和灭菌的目的。

## 二、常见器械的消毒方法

实验室常用的器械包括玻璃器皿、金属器械、橡胶制品和塑料制品。各类器械的清洗消毒方法如下：

（1）金属器械　可以用2％碱性/中性戊二醛溶液浸泡2h后，清水冲洗干净，沥干，再用高压灭菌锅进行灭菌。

（2）玻璃器皿　玻璃器皿的消毒方式选择比较多，可以选择干热灭菌法、湿热灭菌法和射线灭菌法等。可以将一次采精所需的各类玻璃器皿、注射针头集中装入消毒盒内，放入高压锅内加热至120～125℃，30min，随后放入烘箱内烘干。

（3）塑料制品　一次性的塑料制品如一次性注射器等，使用后放入指定垃圾袋内集中进行无害化处理。耐热的塑料如聚丙烯、聚碳酸酯、尼龙及聚四氟乙烯制品，可以用洗涤剂洗干净后，再用高压灭菌锅进行灭菌。对于不耐热的聚乙烯、聚苯乙烯，可以用0.5％的过氧乙酸、1000mg/L的有效氯溶液浸泡30～60min，或70％～75％酒精浸泡15min，然后洗净，置入隔水式电热恒温培养箱内干燥备用。

（4）橡胶制品　对于橡胶制品如手套、洗耳球等，受污染后可用洗涤剂洗净，煮沸15～30min，煮时应全部浸入水中，清洁后晾干；必要时再用高压灭菌锅115℃灭菌40min。

（5）纺织品 无纺布帽子、工作衣、口罩等用后集中进行无害化处理；工作服、帽子、鞋套等放入专用污物袋内，洗衣机清洗。有明显污染时，可以用含氯或溴的消毒液浸泡 30～60min，或者高压灭菌 20min。

（6）实验室的消毒 每次实验前紫外线灯照射消毒不少于 30min。实验结束后，清洁实验台面、地面，并用紫外线灯照射不少于 30min。

# 第九章

## 犬的繁殖障碍

## 第一节

# 公犬繁殖障碍

## 一、公犬不育症

本病是指公犬达到配种年龄却不能正常交配或交配正常却不能使母犬受孕的疾病。

### （一）病因

公犬不育的原因包括：

1. 原发性不育

最常见的是睾丸发育不全、体积较小、质地坚硬或柔软。多数病犬有正常的性欲，但无精子。两侧附睾节段性发育不良的公犬，射精反射虽然正常，但射出的精液无精子。

2. 获得性不育

受高温应激、局部贫血、自身免疫、化学物质中毒、激素不平衡、阴囊皮炎、交配过度、环境变化、衰老等因素的影响，导致精子的活力、密度低于正常水平，畸形率高于正常水平。

## （二）诊断

根据公犬配种时的行为表现及交配后母犬受孕情况，通过精液质量检查即可确诊。

## （三）治疗

对存在生殖器官疾病和或全身性疾病的，要针对原发病进行相应的治疗；先天性不育、衰老性不育一般无治疗价值，除珍贵的品种外，一般作淘汰处理；对饲养管理造成的不育，可改善饲养管理，加强运动，供给营养充足、平衡的食物；对精液品质不良、阳痿等引起的不育，除加强饲养管理和针对病因采取相应措施外，尚可根据病情试用睾丸素、PMSG 或 HCG 等治疗。

## 二、公犬交配障碍

公犬交配障碍通常是指公犬达到配种年龄却不能正常交配的疾病。临床上较为常见，主要有两种症状：一是公犬在与发情母犬接触时不爬跨母犬，阴茎不能勃起，不产生性反射。二是公犬有性欲，但却不能自然交配，需要人工辅助。

### （一）病因

#### 1.疾病性因素

分先天性发育缺陷和后天性疾病。先天性发育缺陷主要包括隐睾、睾丸变性、睾丸发育不全等疾病；后天性疾病多见阴茎、包皮异常，炎症等。

### 2.性抑制

公犬以前能正常配种，但后来缺乏性欲或不爬跨，对发情母犬往往表现有点性欲，也会嗅闻，但不爬跨，这往往是由于某种创伤或疼痛引起的典型表现，这种伤痛会在心理或身体上产生抑制性欲的反射作用。另外，由于环境条件因素的突然改变或不良外界刺激的出现，也会抑制、动摇或中断性行为的正常表现，乃至造成阳痿等性机能的障碍。

### 3.初配公犬调教不当

无性经验的公犬，初次配种时，往往慌张犹豫，花费很多时间探索母犬外生殖器和使阴茎准确插入阴道内，甚至表现出爬跨但不勃起，或勃起而不爬跨等不完全的性行为。如果受到配种不主动的母犬的恐吓，有数次不成功的尝试，很可能丧失再次交配的勇气。

### 4.饲养管理不当

长期圈养、运动不足、营养水平过高或不足，将使公犬过肥或过瘦、性欲减弱、精液品质下降，逐渐丧失配种能力。

## （二）防治

### 1.严格选择种犬

在选购种犬时应认真挑选，睾丸大小不一，或睾丸发育不良等先天性生殖器官发育不良者应予淘汰。

**2. 合理利用公犬**

对公犬合理使用极为重要，交配过频或长期不用都是有害的。经验表明，适宜的配种频率是 2～4 岁的公犬每周配种 2～3 次，每月配种不超过 8 次。5～7 岁的公犬在饲养管理水平较高的情况下，每周配种 1～2 次，每月配种不超过 6 次。8 岁以上的公犬每月配种不超过 4 次。

**3. 合理调教初配公犬**

公犬的首次交配，需要一位有经验的技术员，保证其交配成功。初次交配应选择体型比公犬稍小、发情征兆好，配种主动的经产母犬。公犬爬跨后技术员不要急于手握其阴茎，要等阴茎几番试探未成时，再用手协助交配，防止公犬不习惯而退下来。对有性欲不爬跨的公犬，要用手轻轻按摩阴茎，待其性欲高涨时，协助其爬跨交配。调教时，配种员要细心、耐心，切忌踢打等刺激性强的动作。

**4. 正确进行人工辅助交配**

辅助交配是指母犬已到配种期，但由于交配时恐惧、蹦跳或咬公犬，或公犬性经验不足，或公母犬体型大小悬殊等原因而不能完成交配时，技术员可辅助公犬将阴茎插入母犬阴道。

犬配种最好在早上或傍晚空腹前进行。交配前应让公母犬彼此熟悉和调情，临近交配前的感觉刺激，有利于公犬性潜力的发挥。如适当地控制公犬几次徒劳的爬跨，非但不会引起性抑制，且能提高射精量和精子的密度与活力，引起血液中睾酮浓度的提高，进而促进性行为。

对极不配合，甚至撕咬公犬的母犬应给其戴上口笼，由饲养员牢牢控制住，技术员用手托住其后躯，防止母犬坐下或两边摆动身体；在配种时碰到公母犬体型相差过大时，可选择斜坡的地势进行调整。交配时要保持安静，严禁大声喊叫和踢打公犬。公母犬能自然交配成功的就不用人工辅助，以免公犬产生依赖心理。

5.合理供给营养

种公犬的营养供给应特别注意饲料中蛋白质、维生素、矿物质的含量。营养供给不足或不均衡，容易引起射精量和精液品质下降，性成熟推迟和性欲不强。在配种期间，应加强营养供给的数量与质量。

6.科学管理

公母犬禁止同圈饲养，这是因为经常爬跨接触，容易降低公犬性欲和配种能力，减少使用年限。公犬要给予适当的运动，每天早晚各运动一次，保证每天运动时间不少于2h。通过运动可锻炼公犬体能，提高配种能力。

## 第二节

# 母犬繁殖障碍

## 一、母犬发情异常

母犬发情异常的原因多是由于犬的内分泌系统失调引起生殖激素分泌异常所致，和营养、环境、疾病、管理、遗传等诸多因素有关。同时，各种因素之间是相互关联的。

### （一）异常发情

常见的异常发情包括短促发情、断续发情、安静发情、持续发情等。异常发情常见于初情期至性成熟前，性机能尚未发育完全的一段时间内。性成熟后，环境条件异常也可能引起异常发情，如严重应激、营养物质供给失衡、饲养管理不当等。

1. 短促发情

是指犬的发情时间很短，如果不注意观察，极易错过交配时间。短促发情多见于青年犬，原因可能是神经-内分泌系统失调，卵巢快速排卵而缩短了发情期，也可能是由于卵泡突然停止发育或发育受阻而引起。

2.断续发情

是指犬发情延续很长，且发情时断时续。原因可能是卵泡交替发育，先发育的卵泡中途停止发育，萎缩退化，新卵泡又开始发育，导致断续发情的出现。

3.安静发情

是指发情时缺乏外表征象，但卵巢上有卵泡发育、成熟并排卵。青年母犬和营养不良的母犬更容易发生。一般是由于雌激素或孕酮的分泌量不足造成的。

4.持续发情

是指犬表现出持续强烈的发情行为。多为卵巢囊肿所至，表现为长时间处于性兴奋状态。如果单侧卵巢发生囊肿，有正常卵子排出，如果双侧卵巢囊肿则没有卵子排出。

## （二）乏情

是指长期不发情、卵巢处于相对静止状态、无周期性的功能活动。乏情有生理与病理性之分。由妊娠、泌乳、衰老引起的不发情，属生理性乏情；因营养不良、疾病等引起的暂时性或永久性卵巢活动降低，以致不发情等，属于病理性乏情。

1.营养性乏情

日粮中营养水平对卵巢机能活动有明显的影响。严重的营养物质供给不足，会造成母犬不发情。和繁殖行为相关的营养物质缺乏此种现象更明显，如饲料能量低，磷、维生素 A、维生素 E、Se、Mn 等物质缺乏。

2. 卵巢和子宫异常造成乏情

卵巢发育不全、卵巢囊肿、持久黄体、子宫积脓、木乃伊胎等原因均可导致母犬永久性或暂时性不发情。

3. 应激性乏情

不同环境引起的应激，如气候恶劣、犬群密集、犬舍卫生不良、长途运输等都可以通过对神经、内分泌系统的影响，而导致母犬不发情。在犬适应环境或身体恢复后，发情可恢复正常。

4. 衰老性乏情

犬因衰老下丘-垂体-性腺轴的功能减退，导致垂体 GTH 分泌减少，或卵巢对激素的反应性降低，不能激发卵巢机能活动而不表现发情。

## 二、不孕症

凡母犬于性成熟后，发情交配不受孕的称为不孕症。

### （一）病因

导致母犬不孕的原因包括遗传缺陷、疾病、饲养管理不当和繁殖技术性原因。

1. 先天性原因

近亲繁殖的犬生殖器官畸形较多，如阴门狭窄、子宫畸形、卵巢过小等。

2.营养性原因

维生素不仅有促进子宫收缩的作用，而且可提高子宫对垂体后叶激素的感受性。维生素缺乏可影响卵巢的发育，表现为性周期不规律。维生素 E 与生殖机能有直接关系，尤其对维持性周期的正常和妊娠是不可缺少的。母犬过于肥胖时，可引起内分泌机能障碍，使卵巢机能减退，即使正常妊娠，分娩时多发生难产和子宫复原推迟，使子宫的疾病发生率增高，导致以后不孕。

3.疾病性原因

常见于重症传染病，如布氏杆菌病、弓形体病或钩端螺旋体感染等，此外还有子宫蓄脓症、卵巢囊肿、子宫炎、化脓性阴道炎、外阴炎等母犬生殖器官疾病。

4.繁殖技术性原因

对母犬的发情鉴定失误，错过了配种时机；在进行人工授精时，授精技术不过关、精液处理不当等，均可导致母犬不孕。

## （二）诊断

犬不孕的原因较为复杂，所以对不孕犬应进行详细了解和认真检查。首先要了解母犬的年龄，饲料种类、数量以及来源，产仔次数，有无流产和难产史。检查饲养管理状况和犬的营养状况，有无患有传染病和生殖器官疾病，外阴有无流出异常分泌物，以及确认生殖器官有无畸形和肿瘤等。根据检查结果综合分析，方可确定。

### （三）防治

尽量避免近亲交配，有遗传缺陷的犬禁止用于繁殖。对有生殖器官疾病的犬要及时治疗。用于繁殖的母犬要合理调配日粮结构，供给充足的蛋白质、矿物质、微量元素和维生素等。种犬要适当运动和日光浴，定期驱虫及免疫注射。母犬产后要经常用 0.1％高锰酸钾溶液清洗外阴部，防止生殖器官感染。

## 三、假孕症

假孕是指犬发情交配后，表现妊娠的征兆，但实际并未妊娠的一种状态。通常发生于未绝育的发情母犬，属于正常现象。假孕发生于未孕黄体期，此时虽然未受孕，但孕酮浓度仍然很高。不论是否妊娠，孕酮导致乳腺发育和体重增加，但是不泌乳也不出现假孕的其他行为和外观变化。

### （一）病因

促乳素是导致泌乳和母性行为的原因，但是作用机制目前尚未完全明确。在妊娠后期，促乳素浓度升高，是母犬这一阶段最主要的生殖激素。多巴胺是主要的促乳素抑制因子，而孕酮可通过负反馈作用抑制促乳素分泌。黄体期末血清孕酮浓度下降导致母犬假孕，反过来又导致血清促乳素浓度的升高，与分娩后发生的变化相同。因为母犬自发排卵，且黄体期较长，所以假孕是正常发情母犬的常见现象。假孕与任何产科异常无关，包括发情周期不规则、子宫积脓或不孕。恰恰相反，假孕的出现证明上一次发情排卵成功，且说明下丘脑-垂体-性腺轴功能完整。是何种原因导致某些母犬易出现假孕症状且症状的严重程度不同，目前尚未完全明确。

### （二）临床症状

假孕的临床症状是出现母性行为，如搭窝、拾掇无生命的物体或乳腺发育并溢乳。另外，临床症状还有不安、敏感、腹围增大、食欲缺乏以及呕吐等。

### （三）诊断

假孕的诊断可通过腹部 X 线检查或超声检查确诊。

### （四）治疗

假孕的临床症状通常能够在 2～3 周后自行消退，无需治疗。母犬自己舔舐乳房、温/冷敷或其他一些刺激可促进泌乳，应该注意避免上述情况发生。禁食24h，然后逐渐恢复正常食量，有助于减少泌乳。在随后的发情周期，假孕可能复发。在乏情期后期进行卵巢子宫摘除术，以防假孕复发。不应在发情后期进行卵巢子宫摘除术，因为去除卵巢可能导致假孕发生。

## 四、流产

流产是指各种体内外致病因素作用于母犬或胎仔，使其生理过程发生紊乱而导致妊娠中断的疾病。

### （一）病因

导致胎儿死亡和流产的母体病因包括母体感染、甲状腺机能减退、免疫介导性溶血性贫血、免疫介导性血小板减少及其他出血性疾病、妊娠子宫疝气或扭转，以及腹部肿瘤等。通常认为黄体功能不全也是引起流产的原因，但是很少发生。进行血清孕酮浓度的监测可诊断是否发生流产。已知使用某些药物进行母犬疾病治疗时，会对妊娠母犬产生毒性作用，导致胎儿畸形、胎儿死亡或流产。病原可通过对母犬、胎儿或胎盘产生作用，从而导致胎儿死亡和流产。其中大部分病原除了干扰妊娠，还会引起母犬出现轻度临床症状。据报道，可引起母犬发生胎儿死亡和流产的病原微生物包括流产布氏杆菌、大肠杆菌、犬布氏杆菌、B-溶血链球菌、钩端螺旋体、弯曲杆菌、沙门氏菌及支原体属等。

## （二）临床症状

如果在妊娠早期发生胚胎死亡，那么通常无可见的临床症状（如外阴分泌物）。母犬可能因为受孕失败而就诊，而不是怀疑胚胎死亡。无论是否妊娠，孕酮都会引起乳腺发育和体重增加，因此发生胚胎死亡的母犬可能继续维持妊娠外观 60d 以上。

## （三）诊断

根据母犬交配时间及临床症状可以诊断。如果要搞清流产的原因，可通过流产胎儿的病理学检查或胎盘分离培养。

## （四）治疗

流产母犬的治疗有支持疗法和对症治疗。如果余下胎儿存活，则可以允许继续妊娠。如果无余下胎儿存活，则应该进行子宫摘除术或通过催产药物治疗，排出所有残余的子宫内容物，在微生物学和血清学检查结果出来后，应该立即根据结果进行抗生素治疗。很多犬发生胎儿流产的病因不明或不需治疗，不影响以后繁殖。

## 五、难产

难产是指母犬在分娩过程中发生困难，不能将胎儿顺利娩出体外的一种病理状态。妊娠母犬发生难产的发病率约为 5％～6％，老年犬发生难产的风险更高。

## （一）病因

难产的原因包括母体和胎儿两方面的因素。

### 1.母体性难产

指母犬在分娩过程中，子宫的阵发性收缩和腹部努责力减弱而造成难产，是母性难产的常见原因。原发性产力不足引起的难产可见于任何品种和各种年龄的犬。近亲繁殖和过于肥胖、缺乏锻炼的老年犬发病率较高。

### 2.胎儿性难产

由于胎儿的异常造成母犬分娩困难，不能将胎儿顺利地娩出的病理状态称为胎儿性难产。这种情况多见于初产母犬单胎，其胎儿过大，亦见于胎位不正、胎儿脑积水、皮下水肿、腹水、软骨营养障碍和双畸形。

## （二）临床症状

预产期已到或已过，母犬出现分娩预兆或阵缩和努责次数少、时间短、力量弱、胎儿久不娩出；已娩出 1 个或数个胎儿后，母犬仍有分娩动作，腹部检查可感觉到子宫内仍有胎儿，但经 1～2h 或以上，仍不能将胎儿排出体外；母犬分娩出 1 个或数个胎儿后，其分娩动作停止，但腹部检查可感受到其子宫内仍有胎儿；胎位、胎势不正，出现明显的异常先露，如仅一只胎儿的腿出现于阴道中；妊娠期推迟，阴道出现病理性排泄物和中毒症。

## （三）诊断

难产的诊断方法包括病史调查和体格检查。应该对母犬的整体健康状况进行全面的体格检查。首先检查会阴部，看是否出现胎儿部分产出。会阴背侧到外阴可能出现膨胀，或可能出现四肢或尾巴突出于阴门之外。再通过 X 线检查和超声检查评价胎儿状况。通常 X 线检查能够准确地诊断胎儿数量、大小、形状、胎位、胎势，且可鉴别诊断导致阻塞的原因。超声检查是评价胎儿活力的理想手段。

## （四）治疗

孕酮浓度超过 2ng/ml 时证明妊娠尚未到预产期，应该推迟人为介入，继续密切观察数小时，如果 24h 后仍未分娩，则需要对所有生理参数进行再次测定。母犬进入分娩 I 阶段后应该在 12~24h 内进入分娩 II 阶段。如果存在阻塞或胎儿状况严重不佳，则需要立即进行剖宫产术；如果不存在阻塞可以尝试进行药物治疗。催产素可提高子宫收缩的频率，尤其是高剂量催产素可引起子宫持续收缩。推荐在使用催产素治疗之前，使用 10% 的葡萄糖和 10% 的葡萄糖酸钙进行治疗。当药物治疗不能引起正常分娩时，应该尽快进行剖宫产术。有研究表明，药物治疗仅对 20%~30% 的难产犬有效，

65%～80%的难产犬需经剖宫产治疗。

# 六、母犬产后疾病

## （一）乳腺炎

乳腺炎，即乳腺发生细菌感染，可发生于产后母犬的一个或多个泌乳腺体。

### 1.病因

本病的主要原因是乳腺受到病原微生物的感染。常见的病原微生物有大肠杆菌、葡萄球菌、链球菌等。

### 2.临床症状

根据严重程度，临床症状各不相同，包括腺体发热、坚硬、肿胀及疼痛。通常可发现发热、食欲缺乏和脱水。因为患乳腺炎的母犬忽略了对幼犬的照顾，所以犬主人可能最先发现尖叫、饥饿的幼犬。对于严重病例，可能发展为乳腺脓肿或坏疽。

### 3.治疗

乳腺炎的治疗包括抗生素治疗、输液疗法和支持疗法。治疗必须保证母犬能尽快恢复正常的哺乳。摄入充足的水和热量是保证持续泌乳的关键，泌乳期摄入的食物和水的量通常是妊娠期的2倍。当选择进行输液疗法时也要考虑补充足够的营养和水分。

即使仅存在轻度脱水，也要考虑静脉输液疗法。应该在乳腺炎治疗过程中，每日热敷乳腺多次以减轻肿胀和疼痛。抗生素治疗的选择受多种因素影响，包括致病菌的敏感性、抗生素在乳汁中达到高浓度的能力以及药物对初生仔犬护理的影响。在细菌培养结果出来之前，可以使用阿莫西林和头孢菌素类药物进行治疗，因为它们不但可以在感染乳腺中达到理想的浓度，对最常见细菌感染有很好的疗效，而且对初生仔犬还比较安全。青霉素也是理想的选择，但是它对大肠杆菌感染可能无效。一旦可以确定乳腺炎已经痊愈，就应该停止抗生素治疗。乳腺脓肿和坏疽的病例，除了需要进行抗生素治疗和输液治疗之外，还应该进行手术治疗。对于是否应该继续哺乳仔犬目前尚无定论，但是推荐只要母犬愿意哺乳且能够产生足够的营养就可以继续哺乳仔犬。通过监测仔犬体重变化可以判断是否继续哺乳，每日应该增加出生体重10%。同时也应该注意观察仔犬是否出现其他疾病症状。如果出现，则应该考虑补充喂养或人工哺育。

## （二）无乳症

无乳症，指乳汁的产生和分泌均停止。乳汁的正常产生和分泌与多种因素相关，包括遗传、营养、心理和解剖结构。促乳素促进乳汁产生。催产素刺激泌乳排出。原发性无乳症是由于乳腺无法产生乳汁或导管无法排出乳汁。最常见的情况是，乳腺和导管均正常，但是其他原因导致泌乳能力下降或抑制泌乳排出。如果犬体况不佳，则可能很难开始和维持泌乳。在泌乳期，母体对热量和水的需要量几乎是妊娠期的2倍。为了保证妊娠和泌乳所需要的能量，需要从配种开始饲喂高能量、适于妊娠和泌乳需要的饮食。经产犬可能在妊娠最后一周就排出初乳，而初产犬在产后24h内才会排出初乳。使用催产素促进乳汁排出，在催产素治疗后，仔犬需要护理30min。胃复安刺激促乳素分泌，因此可以用来促进泌乳，连续使用，直到产生充足乳汁为止。同时，需要纠正其他营养因素或心理因素。

### （三）产后低钙血症（产后抽搐或惊厥）

产后低钙血症是一种急性、威胁生命的低钙血症，发生于产后阶段。引起低钙血症的原因未有定论。母体钙进入胎儿骨和进入乳汁、食物钙含量过低时在胎仔数多的小型母犬的泌乳高峰期（即产后13周）会出现典型的产后低钙血症。母犬患病的同时仔犬却很健康。

1. 临床症状

低钙血症引起的临床症状包括喘气、焦虑、肌束震颤、无力和共济失调。这些早期症状数小时内发展为强直-阵发性手足抽搐和角弓反张。心率、呼吸频率以及直肠温度都升高，尤其是在抽搐过程中如不进行治疗，临床症状快速发展，可能导致犬死亡。

2.诊断

依据高产乳量母犬的临床症状进行产后低钙血的诊断。可通过测定血清钙离子浓度低于参考值范围进行确诊。因为产后母犬的症状很明显，所以通常在进行实验室确诊前或不进行确诊就直接治疗。

3.治疗

治疗措施包括缓慢静脉注射 10% 葡萄糖酸钙直至起效。根据犬大小不同，总剂量通常为 3～20ml。由于钙制剂具有心脏毒性，必须密切监测犬的心脏，防止在治疗时出现心律失常和心动过缓。一旦发现任何心脏功能异常，应立即停止输注钙制剂。如果仍然需要钙制剂，应在心脏功能恢复正常之后进行输注，但速度必须降低。治疗效果是很显著的，在静脉输注钙制剂时症状即可消除。

4.预防

可以预防犬产后低钙血症的措施包括在妊娠期和泌乳期提供高质量的、营养平衡和全面的饮食。妊娠期禁止口服补充钙制剂，因为它可能导致严重的产后高钙血症。犬在泌乳期应该自由采食。如果有必要，使母犬每日离开仔犬数次，每次 30～60min，以促进母犬采食。在泌乳早期饲喂仔犬乳汁替代品，以及在 3～4 周龄时饲喂固体食物，可预防产后低钙血症，尤其是在胎仔数多的犬。

## （四）子宫炎

子宫炎是产后子宫发生的急性细菌感染。它可能在流产、难产、胎盘或胎儿组织滞留、产科手术或正常分娩后发生，由细菌从阴道向上扩散引起。感染犬发热，且有恶臭的脓性子宫分泌物。可发生脱水、败血症、内毒素血症、休克或以上同时发生。

1. 诊断

子宫炎的主要诊断依据是病史调查和体格检查。如果有必要，对母犬进行细胞学检查和内窥镜检查，可确诊化脓性质和分泌物来源于子宫。应该进行腹部 X 线检查或超声检查（或两者同时）来评价子宫内容物（如残留胎儿）和子宫的完整性。

2. 治疗

可通过卵巢子宫摘除术、子宫切开术后冲洗或用催产类药物治疗（如催产素和 $PGF_2$）来促进子宫内感染内容物排出。选择药物还是手术治疗取决于犬的健康状况、子宫完整性以及是否要继续种用。

无论采取哪种治疗措施，都应该进行输液疗法纠正平衡失调、维持组织灌流、补充额外的泌乳营养需要以及同时结合广谱抗生素治疗。应该根据阴道前段取得的子宫排出物细菌培养的结果选择抗生素。在选择抗生素治疗时，必须考虑到抗生素对仔犬的潜在毒性作用，因为抗生素可能通过乳汁进入仔犬体内。通常认为青霉素、阿莫西林以及头孢菌素类药物对仔犬比较安全。如果兽医人员诊断出子宫破裂，则需要进行卵巢子宫摘除术。出现腹部异常不适、X线检查或超声检查，显示腹腔内有液体存在以及腹膜炎时暗示发生子宫破裂。如果子宫内有胎盘或胎儿残留时，通常推荐进行卵巢子宫摘除术或子宫切开术。

## 第三节

## 危害犬生殖的传染病

### 一、布氏杆菌病

犬布鲁氏菌会引起犬的布鲁氏菌病。该病会导致母犬无法怀孕、胚胎早期死亡、胎儿死亡和流产，以及产下体弱的患病胎儿。

#### （一）病因学

犬布鲁氏菌是一种革兰阴性杆菌，可以通过被感染犬的精液、乳汁、流产胎、尿液、粪便和黏膜表面传播。本病属于人犬共患病。

#### （二）病理生理学

犬被感染后21d内发展为菌血症，也可以在几年内呈间断性的持续发病。布鲁氏菌主要存在于犬的淋巴结、骨髓和生殖道内。

### （三）临床症状

成年患病犬可能没有全身症状，也可能表现出淋巴结病、肝肿大、椎间盘脊髓炎、周期性眼色素膜炎以及脑膜炎。对生殖道的影响包括母犬在妊娠 45～55d 时发生流产、死胎、产出弱胎以及不孕。公犬则会表现出阴囊皮炎、附睾炎、睾丸炎、产生大量形态异常的精子、精子呈头-头黏合状态，以及精液中出现白细胞。

### （四）诊断

应与任何导致不孕、胚胎死亡、流产和死胎的疾病相鉴别。

许多血清学检测，包括血清凝集试验、管凝集试验、琼脂凝胶免疫扩散和 ELISA 试验。可以从死胎、阴道分泌物、精液、血液、乳汁、尿液、子宫腔内、眼表或被感染器官（椎间盘、淋巴结、脾脏和骨髓）中培养出犬布鲁氏菌。

### （五）治疗

患病成年犬可以用四环素、链霉素和相关药物合并用药进行治疗，但本病似乎很容易复发，这时应该考虑对患犬实施安乐死。

## 二、弓形虫病

弓形虫病是由刚地弓形虫感染引起的以发热，呼吸道、消化道炎症及黄疸为主要临床特征的人犬共患原虫病。

### （一）临床症状

呼吸系统、胃肠道或神经肌肉感染导致的发热、呕吐、腹泻、呼吸困难和黄疸是弓形虫病犬的最常见症状。弓形虫病最常发生在免疫抑制犬上，如犬瘟热病毒感染犬和用环孢菌素治疗以抑制肾脏移植后排斥反应的犬。神经系统症状取决于主要病变部位，包括共济失调、癫痫、脑神经缺陷、局部麻痹和瘫痪。肌炎犬出现虚弱、步态僵硬和肌肉萎缩等症状。可能会出现伴有下位运动神经元功能障碍、发展迅速型的四肢轻瘫和瘫痪。有些怀疑为神经肌肉弓形虫病的犬可能患有新孢子虫病。有些心肌感染犬出现室性心律失常。多系统疾病犬会出现呼吸困难、呕吐和腹泻。有些弓形虫病犬发生视网膜炎、葡萄膜炎、虹膜睫状体炎和视神经炎。

### （二）诊断

血液学检查、生化检查、尿液检查和 X 线检查都没有特异性异常。有些中枢神经系统弓形虫病犬出现蛋白浓度升高和混合性炎性细胞浸润现象。从炎症相关组织或渗出液中检测到病原体即可确诊该病。诊断更常用的方法是，结合临床症状、排除其他可能病因、血清抗体检查阳性、血清学检测排除犬新孢子虫感染和对抗弓形虫药物治疗的反应来综合判定。

### （三）治疗

常用的治疗犬弓形虫病的药物是盐酸克林霉素。磺胺药治疗是一个替代治疗方案。治疗至少需要坚持 4 周。如果发生眼葡萄膜炎，也可以局部应用糖皮质激素治疗。

## 三、犬钩端螺旋体病

钩端螺旋体病是发生于犬、人和其他多种动物的一种重要的临床疾病。本病在我国不少地方，尤其是南方低洼温暖地区感染率很高，但多数犬的临床发病一般很难察觉，只有感染致病性强的钩端螺旋体的犬才呈现急性、亚急性临床发病。本病治疗及时，病犬容易康复，但病犬从尿中长期排菌，污染环境。

### （一）病因学

钩端螺旋体可经直接接触被感染的尿液、伤口、摄入感染性组织液体传播，也可经交配或胎盘传播。初次感染的犬康复后，可经尿液在数月中间断性排出病原体。病原体在排出的尿液中不可长期存活。

钩端螺旋体穿透黏膜，随后扩散到其他组织并在其中附植，特别是肾脏、肝脏、脾脏、眼睛和生殖道。虽然临床症状可能很轻，但可引起病犬迅速死亡。在多数感染犬中，钩端螺旋体会在肾脏中转移并发育。即使经过治疗痊愈的病犬，仍可数周或数月排出带感染性钩端螺旋体的尿液。

## （二）临床症状

钩端螺旋体感染多发生于成年犬。根据犬的年龄、环境及钩螺旋体血清型的不同感染强度不同。急性感染以发热及肌触痛为特征。呕吐、衰弱、凝血、吐血、便血、黑粪、鼻出血、有瘀斑是特征性症状。钩端螺旋体感染最常见的症状包括昏睡、精神沉郁、食欲减退、呕吐。另外还有其他各种症状，如体重下降、不定位的疼痛、关节痛、局部麻痹、后肢瘫痪、呼吸困难。在急性感染犬中，黄疸也很常见。

## （三）诊断

钩端螺旋体感染急性发作症状有可能表现为任何系统的疾病，包括急性或慢性肾衰竭、急性肝炎、瘤、药物副作用、多关节炎、肌炎（例如弓形体病）、肺炎和椎损伤。

通过血液学检查可发现患钩端螺旋体病的犬白细胞数增多、血小板减少。有时会出现不同程度的肾衰引起的血清尿素和肌酐升高。急性黄疸发作和肾衰的幼犬应考虑钩端螺旋体感染。考虑到该病的公共卫生学意义，所以应尽力确诊该病。诊断钩端螺旋体的经典方法是显微凝聚试验，但这种方法的缺点是其有效性有限，且很难得到间隔2～4周的两份血清。血清学诊断需要4倍或更高效价的血清。试验证明需要4倍或更高的滴定度来进行血清学的确诊。尸检不能保证确诊。新鲜浸软肾脏可以培养钩端螺旋体，但病原体数量极低，且很难鉴别。

## （四）治疗

被钩端螺旋体感染并表现临床症状的犬，需静脉输液以补充由于呕吐及腹泻流失的水分。对于自发流血的犬，应输血浆或全血。尿少的病犬根据需要使用渗透性利尿剂，如甘露醇。使用利尿剂无效的可使用多巴胺。另外，抗生素治疗应立即开始，青霉素和四环素可用于治疗。如强力素，22mg/kg，口服或肌注；阿莫西林，2mg/kg，每天2～3次，用药2周；青霉素G25000～40000U/kg，皮下注射或肌注，每天2次，用药2周，但是无法消除带菌状态，增加2周强力素和红霉素的治疗可消除带菌状态。

钩端螺旋体感染犬的预后不同。一般如出现黄疸的急性发作，预后不良。患有轻微肾病的亚急性病犬，如果及时治疗并持续治疗2周以上则预后良好。

### （五）预防

常规免疫程序中用二价染色体疫苗预防钩端螺旋体病和出血性黄疸。但是，现在的疫苗还不能对犬其他疾病产生的血清型进行交叉保护。犬钩端螺旋体免疫后仍被认为有接触病原体的危险。每年成犬的加强免疫有可能无法产生持续的免疫力。在疾病流行地区，建议对户外成年犬进行每年 2 次免疫。此外，有可能接触钩端螺旋体的犬应在连续免疫过程中至少注射 3 次疫苗，每次间隔 2～3 周。

感染钩端螺旋体的犬的尿液对人及其他易感动物有很高的传染性。当必须接触时应佩戴橡胶手套，尤其是接触其尿液或尿液污染物时。被病犬尿液污染的地面和笼具应用洗涤剂清洗，并用碘制剂消毒。

## 四、犬疱疹病毒病

犬疱疹病毒是一种具有种属特异性的微生物，通常会引起新生仔犬的死亡，而且还与胎儿死亡和流产有关。

### （一）病因学

犬疱疹病毒属于疱疹病毒科，是一种双链 DNA 病毒，可以通过母体子宫传给胎儿，也能够通过交配感染，但最主要的感染方式是通过口鼻或飞沫传播。带毒犬的精液或阴道分泌物中都含有疱疹病毒，但最常见的感染是发生在仔犬出生时或刚刚出生以后。免疫抑制的犬特别易感本病。

## （二）临床症状

本病的特征性表现为新生仔犬的急性出血性病毒血症，致死率高。成年患病犬主要表现黏膜的病变，如结膜炎和上呼吸道症状。人工试验证明，经胎盘感染会导致流产、胎儿木乃伊化和死胎。

## （三）诊断

可以进行病毒中和血清学试验，还可以做病毒的分离，但病毒对生长环境的条件要求很高。荧光抗体技术可以发现组织中的病毒。

送检的样本应包括死亡的仔犬、胎盘和流产胎儿、母犬血清以及黏膜表面的培养物。

## （四）治疗

对被感染仔犬进行支持性护理并用阿昔洛韦治疗。成年犬可能有一定的潜伏期，母犬的生殖道感染时胎儿和新生仔犬被感染的概率增加，因此应隔离带毒的成年犬，或者对血清学检测呈阳性的母犬施行剖宫产手术取出胎儿或在仔犬出生后即将其与母犬分离。

# 主要参考文献

［1］ 覃能斌，李孝娟.浅谈家畜人工授精发展 ［J］.黑龙江动物繁殖，2017，25（06）：17-19.

［2］ 陈静波，毋状元，罗永明，等.马细管精液人工授精技术进展 ［J］.新疆畜牧业，2016（9）：74-77.

［3］ 郑丕留，梁克用，董伟，等.中国家畜繁殖及人工授精的进展概述 ［J］.中国农业科学，1980，3（2）：90-96.

［4］ 郝志明，景兆国，沈鸿武.驴人工授精技术的研究进展 ［J］.中国草食动物科学，2018，38（04）：58-62.

［5］ Oliveira J V，Alvarenga M A，Melo C M，et al. Effect of cryoprotectant on donkey semen freezability and fertility ［J］. Anim Reprod Sci，2006，94：82-84.

［6］ 高琛，马超贤，史凌宇，等.猫人工授精技术研究进展 ［J］.中国畜牧兽医，2019，46（01）：320-328.

［7］ 白玉妍，刘莹，刘志平.犬卵泡发育、卵母细胞成熟、排卵研究进展 ［J］.黑龙江畜牧兽医，2013（05）：20-22.

［8］ 朱程程，程占军，曹锦和，等.犬卵泡和卵母细胞发育相关调控激素研究进展 ［J］.黑龙江畜牧兽医，2018（13）：59-62.

［9］ Chastant-Maillard S，de Lesegno C V，Chebrout M，et al. The canine oocyte：uncommon features of in vivo and in vitro maturation ［J］. Reproduction，Fertility and Development，2011，23（3）：391-402.

［10］ 曹满园，张宇飞，王丽英，等.犬卵母细胞体内发育及体外成熟的研究进展 ［J］.特产研究，2019，41（01）：109-114.

［11］ 宋子域，范超玥，钟友刚.犬黄体功能调控机制研究进展 ［J］.中国畜牧兽医，2017，44（09）：2598-2602.

［12］ 叶俊华.犬繁育技术大全 ［M］.辽宁：辽宁科学技术出版社，2003.

［13］ 杨利国.动物繁殖学 ［M］.北京：中国农业出版社，2003.

［14］ 叶俊华.犬病诊疗技术 ［M］.北京：中国农业出版社，2004.